4차 산업혁명시대
안전여행

일러두기

- 이 책에 사용된 표현과 용어는 한국 산업계에서 사용하는 표현과 용어입니다.
- 인명과 지명 등은 국립국어원의 외래어 표기법에 준하여 표기하였습니다.
- 우리나라에 번역되어 소개된 자료는 한글 제목만을 표기하고, 소개되지 않은 자료는 원서 제목을 병기했습니다.

4차 산업혁명시대
안전여행

이승배 지음

인재NO

차 례

제3장 해(解)의 안전 관리

진리의 말씀과 그 내용을 알려고 노력하며

제4장 행(行)의 안전 관리

아는 것을 실행으로 옮겨라

제5장 증(證)의 안전 관리

비로소 깨달음이 열린다!

제6장 미래를 창조하다

4차 산업혁명과 안전

제1장

과거로의 안전여행

인생에서 가장 슬픈 3가지.

할 수도 있었는데, 해야 했는데, 해야만 했는데

_ 미국 마케팅 · 비즈니스 전문가 루이스 E. 분

1
비즈니스 환경·기술 변화 및 트렌드

사람이 태어나 나이가 들고 병이 들어 본연의 삶을 마감하듯, 기업도 생로병사(生老病死)의 사이클을 가지고 있다.

인간은 100세라는 기대수명을 위해 평상시 규칙적인 생활 패턴과 꾸준한 운동으로 노화가 느려지게 하려고 한다. 하지만 스트레스나 잘못된 식습관으로 인한 질병이나 암, 교통사고, 예기치 못한 사건 · 사고나 재해 등 외부 요인으로 건강에 타격을 입는다.

기업이라는 생명체도 태어날 때부터 영원히 존재하려는 욕망이 있다. 그러나 어떤 기업은 성장기를 거치기도 전에 소멸한다. 또 다른 기업은 성장기를 슬기롭게 극복하고, 해당 사업이 레드오션에 빠져도 독보적인 위치를 계속 유지한다. 이 두 기업의 차이는 무엇일까? 그 차이는 기업의 수명을 위협하는 불확실성(리스크)에 있다. 리스크는 처음에는 보이지 않다가 가까이 가야 보이는 빙산의 거대한 아랫부분과 같다. 때문에 많은 사람들이 위에 보이는 현상에 대해서만 얘기할 때, 어떤 지혜로운 사람은 수면 아래에 감춰진 빙산 전체(미래치)까지 예측한다. 리스크는 이렇듯 가까이에서 봐야 비로소 거대하다는 걸 알 수 있는 빙산과 같기에 미리 예방할 방법은 없다. 그 결과 어떤 기업들은 이러한 리스크를 극복하지 못해 우리 기억에서 사라진다.

케빈 케네디의 《100년 기업의 조건》에서는 세계 기업들의 평균 수명이 13년밖에 안 된다고 한다. 더욱 놀라운 사실은 신생 기업 중 80%가 30년 뒤에는 사라진다는 것이다. 미국 상장기업의 기대수명은 30년에 못 미치며, 정상이던 회사가 5년 후 사라질 확률도 32%나 된다고 한다. 일본에는 1천 년 이상된 기업이 7개, 200년 이상된 기업이 300개다. 100년을 넘는 기업도 1만 5천 개다. 그럼 우리나라에서 가장 오래된 기업은 어딜까? 역사가 100년 이상인 한국 기업은 신한은행(옛 조흥은행, 1897년 창업), 동화약품(1897년 창업), 우리은행(1899년 창업) 등 9개이며, 이 중 가장 오래된 기업은 1896년에 창업한 두산이다.

한국 기업도 미국 · 일본 기업들처럼 지속성장을 하려면 사전에 감지되는 징후는 물론 보이지 않는 리스크 요인에 대한 철저한 대비를 해야 한다. 또한 계속 높아지는 고객의 요구, 급격한 기술 혁신 및 신기술 등장, 온 · 오프라인의 경계가 없어지는 시장 변화를 끊임없이 주시하고 파악하면서 기업은 지속적으로 생존할 방법 등을 계속 모색해야 한다. 그런데 우리의 현실은 어떤가? IMF의 발표에 따르면 한국은 GDP 기준 세계 12위이며 1인당 소득은 2018년 3만 달러가 예상된다고 한다. 물론 OECD 국가 평균 대비 긴 노동시간과 '빨리 빨리'라는 문화도 1960년대 66달러에 불과했던 1인당 소득을 올리는데 일조했으리라.

안전보건 면에서 우리의 위치는 어딜까? 2015년 우리나라 산업 현장에서의 사망만인율, 즉 전체 근로자 1만 명 기준 산업재해로 인한 사망자 수는 0.53%로 독일의 0.15%보다 3.5배 높다. 또한 2017년 8만 8,848명이 재해로 인해 피해를 입는 등 하루에 4~5명 정도가 산업재해로 사망했다. 이렇듯 재해가 기업 경영에 미치는 직접 · 간접 손실 등을 포함한 추정 경제손실액은 21조 5천억 원이다.

그리하여 2018년 초 국가 차원에서 자살 예방, 교통안전, 산업재해 감소를 국정 목표 3대 과제로 선정했다. 이에 따라 2022년까지 50% 감소를 목표로 주무 부처를 포함해 여러 부문에서 많은 활동이 활발하게 이루어지고 있다.

초연결성(Connected)과 디지털 기술 발달에 따른 변혁으로 대별되는 4차 산업혁명 시대의 기술적 변화, 그리고 주 52시간제 도입과 같은 근로시간 단축과 최저임금 상승 등 노동 여건 변화도 일어났다. 그리하여 우리 일상과 일하는 방식도 많이 변화되리라. 이렇듯 변화되는 비즈니스 환경에서 개인과 조직을 지속적으로 발전시킬 요소가 무엇일까? 그것은 다름 아닌 '안전'이다.

2
우리의 현주소

2014년 중국 광저우 출장길에 〈역린〉이라는 영화를 봤다. '역린(逆鱗)'이란 임금의 노여움을 이르는 말로, 용의 턱 아래 비늘을 건드리면 용이 노해 해를 입힌다는 뜻이다. 영화 〈역린〉은 왕을 살해하려는 자와 그러한 위험으로부터 왕을 구하려는 자 사이의 복잡하고 미묘한 이야기를 그렸다.

무료한 출장길, '역린'이라는 말을 안전에 대입해보면서 많은 생각을 했다. 일반적인 의미처럼 역린이 '군주에게 진언하는 이야기'에서 출발한다면 다음과 같은 의문이 든다. 과연 우리는 안전에 대해 잘 알고 있을까? 특히 안전 리더십(Safety Leadership) 실천의 트리거 역할을 해야 하는 리더는 어떨까? 안전관리자 · 보건관리자로 선임된 사람은 해당 분야에 대한 전문성, 조직 변화를 이끌 기획력과 추진력을 보유해야 한다. 또한 조직 내 이슈에 맞춰 무엇을 어떻게 해야 하는지 파악하고 있어야 한다.

4년여 동안 우리나라와 중국 · 베트남 등 해외에서 교육 과정을 기획하면서 참가자의 교육 니즈는 물론 참가자 자신이 속한 사업장의 비즈니스 이슈를 파악해두는 것이 최우선적인 업무임을 깨달았다. 그러나 취합한 니즈 조사 결과를 분석하면서 참가자가 당연히 파악하고 있어야 비즈니스 이슈에 관한 난을 비워둔 경우도 종종 봤다. 더욱 눈에 띈 항목은 소속 회사의 가치사슬(Value Chain, 연구개발, 구매 · 물류, 생산, 영업 · 마케팅 등) 구성원들에게서 안전보건 부문에 대한 목소리(VOE, Voice of Employee)를 청취한 후 제출하는 것에 관한 부분이었다. 물론 안전보건담당자가 바쁘게 돌아가는 현업이나 외부의 비정기적인 지도 · 점검 등으로 인해 현장 방문 기회가 별로 없다는 건 이해한다. 그렇지만 구성원들의 안전보건 부문에 대한 건설적인 제안과 솔직 담백한 이야기를 들으면서 고맙다는 마음과 함께 약간의 당혹감을 감추지 못했다.

미국 브라운 대학교 심리학과 교수인 스티븐 슬로먼과 인지과학 박사인 필립 페른백은 《지식의 착각》에서 "사람은 알아야 할 것의 극히 일부만 알면서 많이 아는 것처럼 행동한다"라고 했다. 어떤 이는 지식을 다음과 같이 2가지로 분류하기도 한다. 하나는 우리가 통상적으로 이야기하는 "알고 있는 것"이며, 다른 하나는 "알고 있으면서 다른 사람에게 설명 가능한 내용"과 같이 살아있고 힘이 있는 것이라고 한다.

안전과 관련한 사건 · 사고 후 미디어에서 사고 원인에 대해 언급한다. 예를 들면, 안전불감증, 규정 · 원칙에 대한 교육 미실시, 총체적인 시스템 부재 등을 든다. 근본적인 원인을 규명하거나 대책 제시 없이 '교육 미실시'로 치부하는 것이다. 이런 이야기를 듣지 않으려면 어떻게 해야 할까? 우리 스스로 "안전에 대해 무엇을 알고 있으며, 무엇을 모르는지"에 대한 냉철한 자기 인식이 필요하다.

3
'안전'이라는 경영 요소는 회사를 한방에 '훅' 가도록 만들 수 있다

기업의 생존과 번영을 위협하는 요소는 다양하다. 자연재해나 불가항력적인 원재료·부품 공급 차질로 인한 생산원가 상승, 제품 불량 및 고객 클레임 증가, 과도한 연구개발 투자로 인한 재무적인 유동성 문제 등이 있다.

앞에 언급한 내용은 우리가 재무제표로 볼 수 있으니 예측도 가능하다. 그러나 안전보건과 관련된 리스크는 그 결과가 눈에 보이기 전까지는 누구도 예측할 수 없다. 그래서 안전보건과 관련된 예상 손실을 사전에 반영하는 회사도 없다. 그래서 다음과 같은 2가지 사례를 함께 둘러보자.

1 | '이황화탄소 중독'과 '직업병'을 알려준 원진레이온

우리가 입는 옷은 일반적으로 2가지 원료로 제작된다. 하나는 석유화학 원료인 벤젠을 기초 원료로 하는 합성섬유다. 다른 하나는 천연 원료인 펄

프에서 뽑아낸 실이다. 이러한 작업에 화학물질이 대량 사용된다.

원진레이온은 일본에서 중고 기계를 도입하여 1966년부터 '흥한화학섬유'라는 이름으로 우리나라 유일의 비스코스 인견사(레이온)를 생산해 호황을 누렸다, 그러나 이후 사업 위기로 사업주가 두 번 바뀌었으며, 1976년에는 상호를 원진레이온으로 바꾸었다.

1988년 7월 모 신문사로 걸려온 전화를 발단으로 원진레이온에서 벌어진 사건이 특종보도됐다. 이로써 일반인에게도 이황화탄소라는 화학물질과 그로 인한 직업병의 심각성이 공개됐다. 1988년 당시 원진레이온은 직원 1,500여 명이 매년 매출 455억 원을 올리면서 근무하는 중견기업이었다. 그 당시 취재기자와 노동상담소를 찾은 분과의 대화 내용은 다음과 같다.

"안전교육을 받은 적이 있습니까?"

"아뇨."

"이황화탄소에 대해 위험 교육을 받은 적이 있나요?"

"입사 20년 동안 한 번도 받은 적이 없습니다."

"그럼 어떤 교육을 받았나요?"

"1년에 한 번 불조심 교육을 받았습니다."

현재는 화학물질에 대한 MSDS(Material Safety Data Sheet, 물질 안전보건 자료) 자료를 인터넷 검색으로 쉽게 얻을 수 있다. 하지만 30여 년 전에는 대부분의 일반인들은 이에 대해 들어본 적도 없었으리라. 그러나 이황화탄소를 사용하는 공장에서 일하는 노동자 500여 명을 포함해 20여 년간 근무한 관리자 · 경영자마저 몰랐다는 사실은 사뭇 놀라웠다. 1988년 모 신문의 공정보도를 통해 "이황화탄소는 호흡기나 피부 접촉으로 인체에 유입되면 정신이상, 뇌경색, 다발성 신경염 등이나 중증 마비를 일으키는 신경독성 물질"임이 비로소 알려진 것이다. 처음에는 12명으로 알려진 피해자 수도 1994년 9월 359명임이 판명났다. 특수검진을 신청한 사람만도 400여 명이었다. 몇 년 후 피해자 수는 1천 명 가까이로 증가됐다.

급기야 원진레이온은 1992년 5월 사업 적자와 직업병 문제로 인해 매물로 등장했다. 하지만 누가 답이 없는 기업을 인수할 것인가? 결국 창립 29년만인 1993년 6월 8일 폐업했다. 회사라는 생명체는 생을 마감하면 사람들의 기억에서 사라진다. 그러나 그 당시 근무자들은 화학물질에 대한 무지와 사업주의 관리 소홀로 인한 직업병으로 마음과 몸이 여전히 아프다.

2 | 제품 결함으로 파산한 세계 2위 에어백 제조사 다카타

안전벨트와 함께 자동차의 대표적인 안전장치 중 하나가 에어백이다. 차량 구입 시 고급 차량에는 필수적으로 장착된다. 1933년 설립되어 군수업체로 사업을 시작한 일본의 다카타는 안전벨트와 에어백 전문 제조업체로 성장했다. 1973년부터 안전벨트와 에어백을 수출해 대기업이 됐다. 경쟁사이자 세계 1위 기업인 스웨덴의 오토리브를 뒤이어 세계 2위의 위상을 차지했다.

그러나 1990년대 후반에 생산된 에어백 제품에서 치명적인 결함이 발견됐다. 에어백의 팽창장치 폭발로 금속파편이 운전자 등에 상해를 입힐 가능성이 제기된 것이다. 미국과 일본을 포함해 전 세계에서 다카타의 에어백으로 인한 사고가 23건이나 발생했다. 그래서 다카타는 2008년 첫 리콜을 실시했다. 그러나 이후에도 관련 사고가 또 발생했다. 미국에서는 800만 대 그리고 일본에서는 250만대 등 전 세계적으로 1200만 대 이상이 다카타 에어백을 장착했다는 이유로 리콜되었다. 무려 2017년 한국의 자동차 판매 대수인 414만대의 3배에 해당하는 물량이 리콜된 것이다.

심지어 다카타의 에어백이 장착되어 자기 차의 가치가 떨어졌다며 약 600만 명이 한화 3372억 원에 달하는 손해배상을 제기했다. 미국 법무부는 다카타가 에어백 결함을 알고도 은폐했다면서 다카타의 전직 직원 3명을 기소했다. 이에 다카타는 형사상 책임을 인정하고 벌금 10억 달러를 내기로 합의했다. 이로 인해 다카타의 글로벌 품질 담당 부사장은 미 의회 청문회에 출석해 에어백 결함 문제에 대해 거듭 사과했다.

다카타는 에어백 결함 문제가 본격적으로 제기된 2008년 이후 약 1억 대 이상이라는, 자동차 업계 사상 최대 규모의 리콜로 인해 재정난에 봉착했다. 주력 제품인 에어백의 결함으로 한화로 10조 2300억 원에 달하는 부채를 안은 다카타는 2017년 도쿄지방재판소에서 회장이 직접 파산 신청에 관한 기자회견을 열었다. 회장은 "에어백 결함 사고로 인한 피해자들에게는 애도의 뜻을 밝힘과 동시에 주주를 비롯한 이해관계자들에게 막대한 폐를 끼쳐 사과드린다"며 고개를 숙였다. 이는 제2차 세계대전 패전 이후 일본 제조업 역사상 최대의 도산이었다.

다행히도 다카타와 연계된 일본 내 1 · 2차 하청업체들은 일본 정부의 시의적절한 자금 지원으로 모두 도산을 면했다. 그러나 시장점유율 20%로 전 세계 에어백 제조사 중 2위라는 명성을 자랑했던 다카타는 도쿄증권거래소에서 상장폐지되어 2018년 6월 30일부로 역사의 뒤안길로 사라졌다.

지금까지 2가지 사례를 살펴봤다. 직업병에 따른 원진레이온 폐업, 에어백 리콜로 인한 다카타 파산의 공통점은 무엇일까?

그동안 고객에게 좋게 각인됐던 브랜드의 이미지가 하나의 사건 때문에 "한방에 훅 갈 수 있다"는 소중한 교훈을 준 것이다.

저자는 지난 4년 반 동안 "어떻게 하면 안전 관리를 잘할 수 있을까?"라는 근원적인 질문에 대한 답을 내놓으려고 노력해왔다. 그 결과 "안전에는 공짜가 없다"와, 이를 위해서는 "변화와 지속적인 개선"이 수반되어야 한다는 사실을 깨우쳤다.

변화, 즉 '바뀐다'는 것은 익숙해있던 기존의 것에 대한 의문과 '변해야 한다'는 현실 인식에서 출발한다. 특히 변화의 취지나 상황이 자발적이지 않다면 많은 저항과 고통이 따를 것이다. 안전은 지속성을 담보로 삼아야 한다. 기존의 불안전한 행동이나 생각을 안전하고 좋은 습관으로 변화·정착시키기 위해서는 시간이 필요하다. 이 시간 또한 반드시 요구되는 최소한의 투자다.

일단 '나부터' 안전을 현업에서 실행하기 위해서는 안전에 대한 올바른 이해를 갖춰야 한다. 앞으로 펼쳐질 2~5장에서는 "안전이란 사전 예방으로 가능하다"는 사실을 믿고(信) 이해하며(解) 행동으로 실천함으로써(行)

안전을 조직 전체로 확산시키고 성과로 나타내는(證) 프로세스를 경험하게 될 것이다.

신(信) : 진리를 믿고 의심하지 말며 해(解) : 진리의 말씀과 그 내용을 알려고 노력하며 행(行) : 아는 것을 실행으로 옮겨야 증(證) : 비로소 깨달음이 열린다

신해행증 :

진리를 믿고 의심하지 말며

진리의 말씀과 그 내용을 알려고 노력하며

아는 것을 실행으로 옮겨야

비로소 깨달음이 열린다

부록 1

신해행증(信解行證)의 스토리

1 | 2년 연속 안전기준을 맞추지 못하면 공장 문을 닫도록 하는 강력한 정책! 안전에는 협상이 없다.

_ 한국솔베이

울산에 있는 유럽계 엔지니어링 플라스틱회사인 '한국솔베이'를 방문해 HSE(Health Safety Environment) 부서의 임원과 인터뷰 한 내용을 소개하겠다.

한국솔베이는 회사 설립부터 지금까지 글로벌 기준으로 25년간 44명의 목숨을 앗아간 불의의 사건 · 사고 8가지의 원인을 조사한 결과를 토대로 'Life Saving Rule'이라는 기본 원칙을 제정했다. 그리고 매번 안전교육 시 바로 그 44명의 죽음이 헛되지 않기를 바란다는 내용으로 교육을 시작한다고 했다. 또한 발생된 사고에 대해서는 일정 시간 내에 기존에 수립했던 기본 원칙을 개선한 뒤 임직원들이 바로 공유하게 한다. 또한 한국솔베이의 구성원은 물론 협력사 교육 시에도 기본 원칙을 지속적으로 강조하고 있으며, 계약(Contract) 체결 시에도 이를 명시한다. 만약 위반 시에는 그에 상응하는 페널티는 당연하다고 생각하기에 구성원들은 물론 협력사들

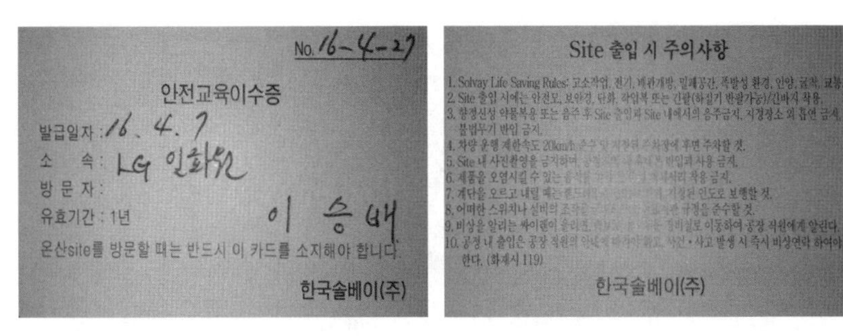
No. 16-4-27

안전교육이수증

발급일자: 16. 4. 7
소　　속: LG 인화원
방 문 자: 이 승 배
유효기간: 1년

온산site를 방문할 때는 반드시 이 카드를 소지해야 합니다.

한국솔베이(주)

Site 출입 시 주의사항

1. Solvay Life Saving Rules: 고소작업, 전기, 배관개방, 밀폐공간, 폭발성 환경, 인양, 굴착, 교통.
2. Site 출입 시에는 안전모, 보안경, 단화, 작업복 또는 긴팔(하절기 반팔가능)/긴바지 착용.
3. 향정신성 약물복용 또는 음주 후 Site 출입과 Site 내에서의 음주금지, 지정장소 외 흡연 금지, 불법무기 반입 금지.
4. 차량 운행 제한속도 20km/h 준수 및 지정된 주차장에 후면 주차할 것.
5. Site 내 사진촬영을 금지하며, [illegible] 휴대폰 반입과 사용 금지.
6. 제품을 오염시킬 수 있는 [illegible] 착용 금지.
7. 계단을 오르고 내릴 때는 [illegible] 지정된 인도로 보행할 것.
8. 어떠한 스위치나 설비의 조작을 [illegible] 규정을 준수할 것.
9. 비상을 알리는 싸이렌이 울리면 [illegible] 경비실로 이동하여 공장 직원에게 알린다.
10. 공장 내 출입은 공장 직원의 안내에 따라야 하고, 사건·사고 발생 시 즉시 비상연락 하여야 한다. (화재시 119)

한국솔베이(주)

한국솔베이의 출입 전 기본 수칙

도 원칙을 절대적으로 준수한다고 한다.

한국솔베이는 작업장(Site) 출입 전에 〈Site 출입 시 주의사항〉 같은 기본 수칙을 방문객에게 알려주고 있다. 그런데 여러분의 회사 · 사업장은 어떠한가? 한국솔베이를 2016년에 방문했을 때였다. 정문에서 "예약방문입니다"라고 하니 경비원이 저자를 정문 뒤에 있는 조그마한 사무실로 안내했다. 그곳에서 동영상을 활용해 간단한 안전교육을 실시했다. 물론 출입 전에 〈방문자 안전교육 비디오 퀴즈〉에 합격해야만 비로소 한국솔베이의 정문을 통과할 수 있었다.

한국솔베이의 본사인 벨기에의 솔베이 그룹은 1863년 화학자 에르네스트 솔베이가 설립했다. 현재 한국솔베이를 비롯하여 전 세계 53개국에 145개 공장과 3만여 명의 직원을 보유하고 있다. 주요 사업 분야는 화학과 플라스틱 부문이며, 연료전지, 2차전지, 신재생에너지, 물(水) 처리, 유기전자소재, LED 분야 등에도 진출하는 등 세계 3위 안에 드는 제품 관련 활동을 벌이고 있다. 2015년에는 124억 유로의 추정 순매출액을 올렸다. 한국솔베이는 1975년부터 사업을 시작했다.

저자는 벤치마킹을 위해 많은 사업장을 방문했지만, 정문에서 안전교육 · 시험을 치른 후 합격자에게만 출입증을 발급하는 신성한 경험을 선물한 곳은 한국솔베이가 처음이 아닌가 싶다. 심지어 직원들에게 '1 대 1 안전교육' 및 '안전면담'까지 실시하고 있다. 그래서일까? 한국솔베이는 2008년부터 PSM(Process Safety Management) 심사 시 P등급을 부여받고 있기에 노동부의 감사를 면제 받고 있다.

시험 합격 후 발급되는 출입증 뒷면에 나온 내용은 누구나 이해할 수 있도록 아주 상세하다. 그러나 2가지 특이한 점을 발견했다. 하나는 비상시 연락 방법은 물론 집결지에 대해 명확하게 인지할 수 있도록 적혀있다는 점이다. 다른 하나는 화단 앞에 주차하는 방식이다. 한국솔베이에서는 비상시 직원과 방문객의 빠른 대피를 위해 화단에서도 반드시 후면주차를 하도록 당부한다는 점이다. 시험을 본 후 주차장을 지나면서 보니 정말로 모든 차량이 후면주차된 광경을 목격했다.

솔베이 그룹은 전 세계 53개국에 있는 145개 공장에 똑같은 안전규정을 적용한다. 이는 영국 같은 선진국을 비롯한 어느 국가의 안전 관련 법보다 더욱 강력하다. 솔베이 그룹은 자체 안전평가에서 2년 연속 기준을 맞추지 못하면 공장 문을 닫도록 하는 강력한 정책을 시행한다. 아무리 많은 이윤을 내더라도 예외는 없다.

연초에 열리는 그룹 사업 성과 보고회에서도 첫째로 상정되는 안건이 안전실적이다. 근로자의 안전이 그룹의 최고 가치라는 점을 확실하게 보여준다. 근로자들이 가장 안전하게 일할 수 있는 국가로 평가받는 영국에 있는 솔베이 올드버리 공장은 영국은 물론 솔베이 그룹 내에서도 강력한 안전정책을 가지고 있기로 유명하다. 어느 공정에서 어떤 사고가 날 수 있는지 경우의 수를 따지고 각 설비별로 점수를 매기는 방식으로 평가해 사고 가능성을 줄인다. 단 한 번도 사고가 발생하지 않은 설비라도 사고 가능성이 있다고 여기고서 비용을 투입해 안전성을 높인다. 1851년 설립된 공장이지만 교차정비를 통해 사고 사각지대를 없애나간다.

안전에 관한 CEO의 강력한 의지도 안전사고 예방에 한몫한다. 특정 공정에 사고 가능성이 있다는 의견이 제시될 경우 막대한 비용마저 아낌없이 투입한다. 불가피한 경우가 아니라면 위험성이 있는 작업은 협력사가 아니라 원청이 담당한다. 원청은 작업 현장을 누구보다 잘 알기에 사고 가능성을 가급적 낮출 수 있기 때문이다. 사내 협력사의 산재 사고에 대한 책임도 역시 원청에 있다고 인식하기에 이렇게 하는 것이다 위험이 인지될 경우 원 · 하청 상관없이 누구나 작업 중지 명령을 내릴 수 있다.

2 | 모든 일에 철저하라. 즉, 얼마나 뜨거운 마음으로 열심히 하느냐가 중요하다. 아울러 당연한 일을 당연하게 하는 것이 아니라, 당연할 일을 남이 흉내낼 수 없을 정도로 최선을 다해서 한다. _ 파주전기초자(PEG)

2005년 2월 23일 일본전기초자(NEG)와 LG디스플레이가 JV(Joint Venture, 합작투자)를 체결해 2006년 1월부터 LCD글래스를 생산하고 있는 파주전기초자(PEG). 수백억 원대의 매출을 올리고 있는 이 기업의 인원은 PEG 직원 300여 명과 협력사 직원들을 포함해 총 600여 명에 달한다. 4박 5일간 실시되는 교육 과정 중 '안전 우수기업 사례 연구' 과목을 강의하기 위해 문산에서 이천까지 출강해주신 김명규 차장이 근무하는 곳이기도 하다. 김명규 차장에게서 PEG의 마에다 시게히코 사장이 더 대단하신 분이라는 이야기를 듣고 2018년 5월 어느 날 마에다 사장과 약속을 잡았다.

안전에 대한 마에다 사장의 소신과 철학을 확실하게 느낄 수 있었다. 2018년 7월 초 코엑스에서 열린 제51회 산업안전보건의 날 행사에서 산재 예방 유공 포상자 중 한 분으로 노동부 장관 표창을 받으신 분이기도 했다. 하지만 PEG의 안전문화 정착을 위한 CEO의 노력은 이미 초대 CEO 때부터 이루어져왔다고 한다.

1대 CEO는 매일 4시간 동안 현장 패트롤을 실시했다. 매일 목장갑을 끼고 패트롤을 돌았다. 잔쓰레기도 많고, 안전시스템이 구축되지 않아서였다. "CEO가 안전을 챙길테니 공장장은 생산을 챙겨라!"라고 하면서 매일 패트롤을 도니 시공하는 사람보다 현장에 너무 자주 나타날 정도였다. '안전 담당 반장님'이라고 불렸을 정도였다고 한다. 패트롤 시에는 CEO가 직접 안전 담당자에게 사고 사례를 교육하는 등 안전문화를 알려주었다고 한다.

2대 CEO 시절에는 협력사에서 자잘한 사고가 있었다. 그래서 CEO가 혼자서 매일 전 공장을 패트롤했다. 현장의 불안전한 행위를 직접 목격한 뒤 회의 때 관리자를 질책 · 문책했다고 한다. 예를 들면, 생산에 차질을 줄까봐 기계를 정지시키지 않는 등 안전규정을 어기고 유리 절단 같은 작업을 하는 걸 직접 목격한 것이다. 그리고 "이것이 과연 작업자만의 잘못이냐?"고 따지면서 기계 작동을 중지시키는 게 어려운 시스템의 문제, 즉 문화의 문제를 지적했다. 즉, 실제로 안전문화가 형성되기 위해서는 관리 · 감독자의 의식이 중요하다는 걸 강조한 것이다. 결국 엔지니어들이 아이디어 회의를 통해 근본적인 해결 방법을 고민한 결과 기존에 비해 품질 · 생산 효율이 훨씬 높아졌고, 감독자의 안전에 대한 마인드도 향상되었다.

3대 CEO는 안정화(Skill-Up)를 중시했다. 즉, 협력사의 이직률이 늘더라도 기존에 근무하던 사람들이 안전문화를 형성 · 흡수할 수 있게 했다.

PEG에서는 '사람'을 가장 중요하게 여긴다. 그래서 연초마다 안전 · 안심 · 신뢰를 주제로 하는 슬로건을 제정하고 안전보건 목표를 직접 하달하고 있다. 즉, 산업재해를 일으키지 않겠다는 강한 의지를 갖추고서 '안전'을 추구하고, 직원들이 '안심'하고 일할 수 있게 하는 것은 물론 지역주민들도 '안심'할 수 있는 기업을 만듦으로써 직원들의 가족들과 지역주민들에게서도 '신뢰'를 얻는 회사를 만들자는 것이다. 그렇다면 경영진을 비롯한 안전과 관련된 리더가 해야 할 일은 무엇이냐고 물었다. 그에 대한 답변은 다음과 같았다.

대부분의 사람들이 안전보건(위생) 관련 활동이 회사의 이익과는 관계없다고 생각하는 편이다. 하지만 마에다 시게히코 사장은 안전보건(위생) 활동이 이익과 굉장히 연결되어있다고 생각한다. 예를 들면, 직원들에게 집단 독감 같은 게 퍼지는 사고가 나면 회사는 집단 휴무 및 그로 인한 손실 등 큰 손해를 입을 수 있다. 따라서 현장작업자의 작업 환경도 잘 살펴야 한다.

여러 나라로 진출한 기업이 해당 국가에 맞는 안전문화를 구축하는 것은 어렵다고 한다. 그래서 이에 대해 어떻게 생각하느냐고 물었다. 마에다 사장은 문화란 그 나라의 풍습이기에 당연히 다르지만, 안전보건(위생) · 문화는 다르지 않으니까 해야 할 일은 동일하다고 대답했다. 즉, 직원들이 다치지 않게, 산업재해가 발생하지 않게 하는 것은 어디서나 동일한 원칙이라는 것이다. 물론 일본에서는 해외 파견자 교육 시 "그 나라의 문화 · 풍습을 잘 공부하여 익숙해지고 존중해야 한다"고 이야기한다. 그렇게 되면 다른 업무를 할 때 편하기 때문이다. 그리고 가장 중요한 것은 "얼마나 뜨거운 마음으로 열심히 하느냐!"인 것이다.

그래서 '안전'을 한마디로 이야기한다면 무엇이냐고 물었다. 마에다 사장은 안전과 관련된 활동을 매일매일 챙겨야 한다고 했다. 예를 들면, 매월 EHS 회의를 하지만 항상 문제가 발생한다고 했다. 생산라인에서 담당자의 눈은 '신기한 일'을 파악하기 어렵지만, 다른 사람은 바로 파악하기 마련이니까 말이다. 그렇기에 안전은 전담 관리자만 챙기는 게 아니라 모두가 '나도 안전관리자'라는 마음가짐으로 챙겨야 하는 것이다. 그러니 안전규정을 위반한 사람을 보면 누구든 바로 엄격한 주의를 줌으로써 안전한 분위기를 만들어야 한다.

마에다 사장이 CEO로 처음 부임 후 EHS 회의에서 했던 첫 질문은 "오늘이 무재해 며칠째입니까?"였다고 한다. 마에다 사장은 이미 수년 전 협력사에서 사고가 난 것까지 정확히 기억하고 있었다. 즉, 24시간 일하는 교대근무자, PEG의 사원, 협력사 직원 모두 근무를 마치고 무사히 귀가하기를, 즉 '무재해'를 원하지만 그것이 어렵기 때문에 CEO의 책임이 막중하다고 했다. 그래서 마에다 사장의 좌우명은 이러하다.

"모든 일에 철저하라. 즉, 얼마나 뜨거운 마음으로 열심히 하느냐가 중요하다. 아울러 당연한 일을 당연하게 하는 것이 아니라, 당연할 일을 남이 흉내낼 수 없을 정도로 최선을 다해서 한다."

3 | 매년 안전 방침과 중점 활동을 수정하는 등 디테일에 강한 도레이(Toray)

도레이는 1926년 레이온 섬유회사로 창업한 뒤, 합성섬유, 수지, 필름, 탄소섬유, 전자정보재료, 의약의료 사업 등으로 다각화해왔다. 2017년 기준 도레이 그룹은 19개국에 129개 회사와 직원 4만 7천여 명을 보유하고 있다. 우리나라의 '구미 도레이'는 1972년 7월 제일합섬으로 시작했으며, 서울 본사 인원을 포함하여 4개 공장과 기술연구소 등에서 1,400여 명이 근무하고 있다.

도레이의 행동 지침은 안전 · 방재 · 환경보전을 최우선 과제로 설정하고, 사회와 사원의 안전과 건강을 지키면서 환경보전을 적극적으로 추진하는 것이다. 장기 전략 목표는 휴업산업재해 빈도율을 0.05% 이하로 낮추는 것과 "중대 재해 ZERO"로, 도레이의 슬로건은 "ZERO 재해 반드시 달성"이다.

그래서 횡단보도를 통행할 때에는 손으로 좌우 · 정면을 가리키며 육안으로 보행로를 지적해 확인하고, 계단 난간을 꼭 잡으라고 한국어와 일본어로 방송하고 있다. 또한 정문 좌측에 안전 캠페인 홍보물을 부착하고, 회의실 창문에도 빨간색으로 '안(安)' 자와 '전(全)' 자를 붙여놓았으며, 비상사태에 대비하여 1층에 인포메이션 부스와 화장실 앞에는 들것까지 비치했다. 아울러 사내 자차 통근 시 별도 시험을 실시하며 사전 루트도 통보한다.

도레이의 안전문화에 대한 방침은 다음과 같다.

① 인간 존중: 사람은 대체 불가능하기에 가족으로 생각하고 존중해야 한다. 아울러 "ZERO 재해 반드시 달성"이라는 목표를 달성하려면 이에 관한 타협이 결코 없어야 한다.

② 안전선취: 사람이 관여하는 재해는 반드시 예방 가능하다. 위험을 예지하고 위험성을 평가해 사전에 대책을 취한다.

③ 전원 참가: 최고경영자, 관리자, 직원 각각이 자신이 해야 할 역할에 따라 활동한다.

④ 통합안전: 회사 · 통근길 · 가정에서 전 직원과 직원의 가족이 24시간 365일 안전을 챙긴다.

도레이 그룹은 1982년부터 매년 12월에 전 세계 안전 대회를 개최한다. 이때 도레이 그룹의 안전보건 전략 등을 공표하고, 지역 · 사업장에 따른 상세 계획도 수립한다. 예를 들면, 안전 · 환경 · 보건(위생)과 관련해 유해화학물질 및 정신건강 관리를 충실히 하기로 한다거나, 방재 전략의 일환으로 BCP(Business Continuity Plan)를 책정하고, 건물 내진 보강 계획을 세우며, 대규모 지진 · 해일에 대비한 훈련을 확실하게 실천하도록 한다.

사고 시에는 전 세계에 있는 모든 사업장에서 '유사 재해 수평 전개 활동'을 실시한다. 즉, 일본에 있는 본사에서 〈재해 연락서〉를 접수한 뒤 이를 통번역 후 환경안전팀장이 대표이사를 포함한 리더급에 메일로 송부한다. 〈재해 연락서〉는 속보판과 최종판을 구분하고 있다.

도레이에서는 모든 사원이 참여하는 안전문화활동을 벌이고 있다. 예를 들어 매일 아침 8시에 방송을 들으면서 〈안전 10원칙〉을 제창하고, 기초 질서 룰 4개를 지적하며, 매달 첫째 주 화요일에는 '안전의 날'같은 활동을 실시한다. 도레이 그룹에서는 회의 시작 전 · 후에 "한 사람 한 사람 안전 행동 철저, 좋아!"라는 구호를 각 지사와 공장이 있는 국가의 언어로 외친다. 사장단도 매년 1회씩 안전 서미트(Summit)를 실시한다. 또한 사업장 안전 전략 발표회, 전 사원 '안전서약서' 작성, 안전결의 대회 등이 이루어진다.

4 | '안전'에 기반하여 비즈니스를 확대하는 BASF

저자는 군대에서 제대한 다음 날부터 LG화학에 입사해 15년 9개월 정도 근무 후 지금 직장이자 LG 그룹의 연수원인 인화원으로 옮겼다. 영업사원이던 LG화학 근무 당시에는 '담합'을 하는 것으로 보일 수 있다는 이유로 동일 업종 사람과의 만남이 자유롭지 않았다. 인화원 소속 교육담당자로 직무가 바뀐 뒤부터 그때 만나고 싶었던 BASF의 근무자들을 한국은 물론 본사인 독일에서도 만날 수 있었다.

BASF는 독일어인 '바디셰 아닐린 앤 소다 파브릭(Badische Anilin & Soda Fabrik)'의 합성어다. 골프마니아나 와인애호가에게 아주 매혹적인 숫자인 18과 65의 조합인 1865년에 설립된 글로벌 화학회사로, 플라스틱, 정밀화학, 바이오 등 다양한 분야에서 제품과 솔루션을 제공하고 있다.

BASF는 "We create chemistry"라는 미션을 달성하기 위해 4개의 가치관을 가지고 있다. Creative, Open, Responsible, Entrepreneurial이 그것이다. 안전은 Responsible에 속하기에 "We never compromise on safety"라고 명시하고 있다. 이에 따라 화학제품의 생산부터 폐기까지 전 과정(Product Life Cycle)을 철저하게 관리하면서 안전 · 보건 · 환경 부문에서 성과를 지속적으로 향상시키고 있다. BASF는 기업의 사회적 책임을 완수하고 있으며, 공공의 우려에 효과적으로 대응하기 위한 자발적 활동인 'Responsible Care'도 추진하고 있다.

Responsible Care : 6 Codes

① 환경보호 (Environmental Protection)
② 종업원의 보건과 안전 (Employee Health & Safety)
③ 공정안전 (Process Safety)
④ 유통안전 (Distribution Safety)
⑤ 제품에 대한 책임의식 (Product Stewardship)
⑥ 주민의 인식 및 비상대응(Community Awareness & Emergency Response)

BASF의 6가지 안전수칙 항목들

위의 6가지 항목 중 직원의 보건과 안전, 유통안전, 주민의 인식 및 비상대응에 대해 살펴보자.

첫째, 직원의 보건과 안전은 BASF의 화학물질 제조 시설 및 창고에서 일하는 직원, 협력사 직원, 인근 주민과 모든 방문자의 건강을 보호하고, 업무로 인한 위험도 방지한다. 직원 보건을 위해 산업 의료 및 건강 보호 프로그램도 실행하고 있다. 세부 활동으로는 건강 증진 활동, 응급 조치 및 의료 비상대응, 직원 건강 기록 및 문서화 등이다. 또한 직원의 안전을 위해서 무사고 유지 및 작업 환경 개선을 하고 있다. 세부 활동으로는 위험요인 및 위험성 평가, 위험요인 관련 커뮤니케이션 및 안전 데이터와 협력사 관리, 건설안전과 관련된 활동 및 안전 작업 허가 시스템 등이 있다.

둘째, 유통안전이 있다. 화학물질의 운송 · 저장 시 사고가 나서 근로자, 운송업자, 고객, 일반 대중이 화학물질에 노출되거나 환경이 파괴될 수 있다는 잠재적 위험을 감소시키는 것이다. 이는 선적 · 유통을 포함한 모든 운송 방법에 적용되고 있다. 또한 화학물질 운송 중에 발생할 수 있는 사고 및 비상사태에 즉시 대응하기 위한 비상대응센터(Emergency Call Center)를 운용한다. 특히 물류협력사 선정 절차에 운송안전 성과를 반영한다. 이에 따라 운송업체의 운송안전을 평가하는 책임자를 정기적으로 파악하고 자격 확인, 사고 조사, 개선 조치 · 보고를 실시한다.

셋째, 주민의 인식 및 비상대응이 있다. 주민의 인식은 파트너와의 실질적이고 적극적인 커뮤니케이션을 말한다. 파트너인 고객, 근로자, 투자자, 인근 주민들과의 상호 신뢰를 강화하고 서로 도움을 주면서 파트너십을 구축하는 것이다. 세부적으로는 CAP(Community Advisory Panel)을 구성하고, 회사 개방 행사나 회사 방문을 추진하거나 관련 협회, 정부 및 지역사회와의 네트워킹도 강화한다. 사업장에서 비상시 대응력을 확보하기 위해 정기적인 훈련을 실시함으로써 비상시 대응 절차를 준비하고 안전 절차에 대해 직원들에게 지속적으로 교육한다. 세부 내용으로서 현장 비상시 대응 계획을 준비하는 것은 기본이며, 여기에는 사업장 외부 대응 관리와 위기 관리 시스템 및 커뮤니케이션 등도 포함한다.

비상시에는 집결지에서 인원 파악을 하는 것이 중요하다. 그래서 BASF는 평상시 출입인원 관리를 중요하게 여기고 있다. 즉, BASF 직원, 상주 협력사 직원, 비상주 협력사 직원, 방문객 등을 파악해두고 있다고 한다.

BASF는 전 세계 모든 사업장들에서 안전의 중요성을 강조하고자 '글로벌 안전주간(Global Safety Days)'이라는 행사를 진행하고 있다. 빙고게임이나 UCC 경진대회 등이 이루어지며, 팀별 포상이나 마우스 손목보호대 같은 선물도 준다. 독일에 있는 본사에서는 세계지도를 펼쳐놓고 관련 활동 이벤트를 표시하여 다른 사람들도 볼 수 있게 하고 있다.

부록 2

개인(조직)의 현상 진단을 위한 설문

1장을 다 읽은 여러분이 속한 회사 · 사업장의 현재 안전 관리 수준을 평가해보기를 추천드리는 바이다.

설문 항목은 여러 안전과 관련 우수기업을 벤치마킹한 결과와 전문가 인터뷰 및 관련 자료를 기반으로 작성되었다.

각 항목에 대해 여러분이 실제로 느끼고 있는 현재 상태에 대해 솔직하게 체크한 후 가장 낮은 항목(Top 5)에 연계된 챕터를 먼저 읽어도 무방하다.

설문 항목	1점	2점	3점	4점	5점
나는 현장의 법규를 준수하기 위해 내가 무엇을 어떻게 해야 하는지 명확히 알고 있다.	적극 동의 하지 않음	동의 안함	중립	동의함	적극 동의함
우리 회사는 선진적인 안전 관리 시스템을 적극적으로 학습한다	적극 동의 하지 않음	동의 안함	중립	동의함	적극 동의함
회사에는 문서로 작성된 안전 관련 방침이 있고, 손쉽게 볼 수 있도록 게시한다	적극 동의 하지 않음	동의 안함	중립	동의함	적극 동의함
회사는 안전정책 · 전략에 대해 파트너와 적극적으로 커뮤니케이션한다	적극 동의 하지 않음	동의 안함	중립	동의함	적극 동의함
나는 비상사태 발생 시 역할과 대응 방법을 잘 알고 있다	적극 동의 하지 않음	동의 안함	중립	동의함	적극 동의함

설문 항목	1점	2점	3점	4점	5점
회사는 직원의 안전보건 개선 사항에 대해 시간과 비용을 투자한다	적극 동의하지 않음	동의 안함	중립	동의함	적극 동의함
회사(사업장 · 사무실)는 정리 · 정돈 상태가 양호하다	적극 동의하지 않음	동의 안함	중립	동의함	적극 동의함
회사는 안전보건의 가치(원칙과 믿음)를 문서화해 관리한다	적극 동의하지 않음	동의 안함	중립	동의함	적극 동의함
회사는 부서에서 논의된 위험 감소 대책 사항의 조치 결과에 대해 반드시 알려준다	적극 동의하지 않음	동의 안함	중립	동의함	적극 동의함
회사의 사고 관련 보고 · 조사 및 사후 관리는 어떻게 이루어지는가?	사고는 일반적으로 조사하지 않는다	심각한 사고만 조사	다수의 사고를 조사, 권고사항은 일부만 시행	대부분 조사, 권고사항도 대부분 이행	모든 사고를 철저히 조사, 조사에 따른 권고사항 이행
회사는 사고 조사를 실시하고 조사 결과를 해당자에게 통보한다	적극 동의하지 않음	동의 안함	중립	동의함	적극 동의함
회사는 작업 및 위험한 공정에 대해 위험성 평가를 반드시 실시한다	적극 동의하지 않음	동의 안함	중립	동의함	적극 동의함
회사의 안전 목표는 성과 측정(MBO · KPI 등)에 반영되어 부서 · 개인 성과에 영향을 준다	적극 동의하지 않음	동의 안함	중립	동의함	적극 동의함
경영진은 안전사고 예방 및 건강 증진을 위해 재정적 지원을 충분히 하고 있다	적극 동의하지 않음	동의 안함	중립	동의함	적극 동의함
회사 · 사업장은 4M 변경 시 규정에 맞춰 사전 보고하고 수정한다.	적극 동의하지 않음	동의 안함	중립	동의함	적극 동의함
회사는 이해관계자(주민 등)에게 안전교육 · 정보를 제공하며 협력하고 있다	적극 동의하지 않음	동의 안함	중립	동의함	적극 동의함
회사의 안전 관리 범위는 사업장 내부는 물론 외부 지역까지 포함하고, 명확히 설정되어있다	적극 동의하지 않음	동의 안함	중립	동의함	적극 동의함
회사의 비전(윤리 강령 포함)에 안전보건을 반영하며, 경영의사결정에도 적극 반영하고 있다	적극 동의하지 않음	동의 안함	중립	동의함	적극 동의함
회사의 안전 목표는 수치화되어 관리되며, 공식적인 회의에서 진행 상황이 공유된다	적극 동의하지 않음	동의 안함	중립	동의함	적극 동의함
회사에는 심리상담자가 배치되어 직원들이 원하면 언제든 심리상담을 받을 수 있다	적극 동의하지 않음	동의 안함	중립	동의함	적극 동의함
회사는 직업병 환자 및 산재사고자의 재활 치료 및 업무 복귀를 위해 적극 대처한다	적극 동의하지 않음	동의 안함	중립	동의함	적극 동의함

설문 항목	1점	2점	3점	4점	5점
회사의 안전과 관련된 활동은 단순한 관리 차원이 아니라 조직문화 차원에서 진행되고 있다	적극 동의하지 않음	동의 안함	중립	동의함	적극 동의함
회사는 모든 부서의 안전보건 연간 목표와 계획의 실행 여부를 정기적으로 평가한다	적극 동의하지 않음	동의 안함	중립	동의함	적극 동의함
회사의 안전보건교육은 실제 작업 수행에 매우 도움이 된다	적극 동의하지 않음	동의 안함	중립	동의함	적극 동의함
나는 임직원을 위한 안전보건교육을 기획 · 운영해본 적이 있다	적극 동의하지 않음	동의 안함	중립	동의함	적극 동의함
회사는 제품의 연구개발과 시설(설비) 설계 시 안전 사항을 사전에 반영하고 적용한다	전혀 반영되지 않고, 안전은 항상 차후 고려 대상	거의 반영되지 않고, 안전은 대개 차후 고려 대상	어느 정도 반영	상당히 반영	완벽하게 반영
회사는 협력사(공급업체)의 안전 관리 능력 향상을 위해 노력하고 있다	적극 동의하지 않음	동의 안함	중립	동의함	적극 동의함
비상대응훈련은 다양한 시나리오로 준비되고, 구성원 모두가 참여한다	적극 동의하지 않음	동의 안함	중립	동의함	적극 동의함
불안전한 상태나 사소한 실수(아차사고)도 관리자에게 무조건 보고하고 있다	적극 동의하지 않음	동의 안함	중립	동의함	적극 동의함
사고 예방 및 재발 방지를 위해 구성원들 간에 서로 안전수칙을 권고한다	적극 동의하지 않음	동의 안함	중립	동의함	적극 동의함
회사 · 사업장에서 안전규정 준수율은 어느 정도인가?	규정에 거의 신경쓰지 않음	지키지 않을때가 많음	규정은 지침일 뿐, 준수할 때도 있고 하지 않을 때도 있음	대부분 준수함	예외 없이 준수함
안전규정(표준 절차)을 위반할 경우 징계는 모든 계층에 동일하게 적용된다	적극 동의하지 않음	동의 안함	중립	동의함	적극 동의함

안전의 A~Z와 설문 항목

세부 내용	설문 항목
Awareness	나는 현장의 법규를 준수하기 위해 내가 무엇을 어떻게 해야 하는지 명확히 알고 있다
Benchmarking	우리 회사는 선진적인 안전 관리 시스템을 적극적으로 학습한다
Communication	회사에는 문서로 작성된 안전 관련 방침이 있고, 손쉽게 볼 수 있도록 게시한다
	회사는 안전정책 · 전략에 대해 파트너와 적극적으로 커뮤니케이션한다
Drill	나는 비상사태 발생 시 역할과 대응 방법에 대해 잘 알고 있다
Execution	회사는 직원의 안전보건 개선 사항에 대해 시간과 비용을 투자한다
Fundamental	회사(사업장 · 사무실)는 정리 · 정돈 상태가 양호하다
Golden rule	회사는 안전보건 가치(원칙과 믿음)를 문서화해 관리한다
Hazard Recognition	회사는 부서에서 논의된 위험 감소 대책 사항의 조치 결과에 대해 반드시 알려준다
Investigation	회사의 사고 관련 보고 · 조사 및 사후 관리는 어떻게 이루어지는가?
	회사는 사고 조사를 실시하고 조사 결과를 해당자에게 통보한다
Job Safety Analysis	회사는 작업과 위험성 공정에 대해 위험성 평가를 반드시 실시한다
KPI	회사의 안전 목표는 성과 측정(MBO · KPI 등)에 반영되어 부서 · 개인 성과에 영향을 준다
Leadership	경영진은 안전사고 예방 및 건강 증진을 위해 재정적 지원을 충분히 하고 있다
4M	회사 · 사업장은 4M 변경 시 규정에 맞춰 사전에 보고하고 수정한다.
Network	회사는 이해관계자(주민 등)에게 안전교육 · 정보를 제공하며 협력하고 있다
Off-the-job safety	회사의 안전 관리 범위는 사업장 내부는 물론 외부 지역까지 포함하고 있으며, 명확히 설정되어있다
Policy	회사의 비전(윤리강령 포함)에 안전보건을 반영하고 있으며, 경영의사결정에도 적극 반영하고 있다
Quantitative	회사의 안전 목표는 수치화되어 관리되며, 공식적인 회의에서 진행 상황이 공유된다
Resilience	회사에는 심리상담자가 배치되어 직원들이 원하면 언제든 심리상담을 받을 수 있다
	회사는 직업병 환자 및 산재사고자의 재활 치료 및 업무 복귀를 위해 적극적으로 대처한다
System	회사의 안전과 관련된 활동은 단순한 관리 차원이 아니라 조직문화 차원에서 진행되고 있다
	회사는 모든 부서의 안전보건 연간 목표와 계획의 실행 여부를 정기적으로 평가한다
Training	회사의 안전보건교육은 실제 작업 수행에 매우 도움이 된다
	나는 임직원을 위한 안전보건교육을 기획 · 운영해본 적이 있다
Universal Design	회사는 제품의 연구개발과 시설(설비) 설계 시 안전 사항을 사전에 반영 · 적용한다.

세부 내용	설문 항목
Value Chain	회사는 협력사(공급업체)의 안전 관리 능력 향상을 위해 노력하고 있다
Worst case	비상대응훈련은 다양한 시나리오로 준비되고, 구성원 모두가 참여한다
Experience	불안전한 상태나 사소한 실수(아차사고)도 관리자에게 무조건 보고하고 있다
You	사고 예방 및 재발 방지를 위해 구성원들 간에 서로 안전수칙을 권고한다
Zero Tolerance Rule	회사 · 사업장에서 안전규정 준수율은 어느 정도입니까?
	안전규정(표준 절차)을 위반할 경우 징계는 모든 계층에 동일하게 적용된다

제2장

신(信)의 안전 관리

진리를 믿고 의심하지 말며

저것은 넘을 수 없는 벽이라고

고개를 떨구고 있을 때

담쟁이 잎 하나는

담쟁이 잎 수천 개를 이끌고

결국 그 벽을 넘는다

_ 도종환의 〈담쟁이〉 중에서

1

왕도(王道)는 없다. 기본만 있을 뿐

5S, 정리·정돈부터

[Fundamental]

> 자신의 눈을 가진 사람, 진실한 믿음을 갖고 삶을 신뢰하는 사람은 어떤 상황을 만나더라도 흔들림이 없다. 그는 자신의 눈으로 확인하지 않고는 근거 없이 떠도는 말에 좌우됨이 없다. 가짜에 속지 않을 뿐더러 진짜를 만나더라도 거기에 얽매이거나 현혹되지 않는다.
>
> _ 법정 스님

2000년대 초반 LG화학 여수 공장으로 근무지를 옮기면서 중국어를 배울 기회가 찾아왔다. 같이 근무했던 분들의 좋은 평가 덕분에 생애 처음 어학연수 기회를 얻었기 때문이었다. 더군다나 중국어를 학습하는 외국인이 가장 많고 표준어인 보통어도 가장 잘 가르친다는 베이징의 어언대학(語言大學)에서의 10개월은 저자의 삶에 많은 변화를 가져다주었다.

어학연수 후 근무지를 서울의 본사로 옮긴 뒤 세계의 생산공장이자 소비시장인 '중국'에 문제 해결 방법론(Skill)과 6시그마(Six Sigma) 같은 경영 혁신활동을 전파하는 업무를 많이 맡았다. 그렇게 6년 정도 근무 후 현재 근무지인 인화원으로 전입했다. 인화원은 LG 그룹의 교육을 총괄하기에 LG화학 근무 때보다 중국 출장 기회가 더 많다.

2014년부터 시작된 그룹 차원의 안전보건교육을 그룹 내 생산기지가 가장 많은 중국으로 전파하는 숙제를 받았다. 교육을 시작하려면 우리나라 경영진을 포함한 의사결정을 하는 분들에 대한 변화 관리(Change Management)가 선행되어야 한다. 사전 작업의 일환으로 베이징, 톈진, 난징, 옌타이, 광저우 등 지역협의체가 있는 곳에 안전보건교육의 취지 및 향후 계획을 보고하기 위한 출장을 기획했다.

난징 출장 시 예전부터 알고 지내왔던 혁신전문가인 A부장을 호텔 지하 식당에서 우연히 만났다. 해당 사업장 경험이 많은 A부장은 저자에게 중국 출장 이유를 물었다. 저자는 중국 사업장에 안전보건교육을 전파할 거라고 자신있게 대답했다. 그러자 A부장은 이렇게 이야기했다.

"그 사업장은 안전을 논하기에는 아직 이른데요."

듣는 둥 마는 둥 언짢은 어투로 그 이유를 물었다. A부장의 대답은 짧고도 명쾌했다.

"몇 년 전부터 현장 컨설팅을 하는데 갈 때마다 정리 · 정돈이 안되어있더라고요. 그런 데서 어떻게 안전을 논하겠어요!"

순간 저자는 뭔가에 맞은 듯한 느낌과 함께 창피함이 들었다. 사실 A부장은 도요타에서의 연수를 통해 혁신 사상을 직접 전수받았다. 그걸 LG 그룹의 계열사에 전파하는 역할을 수년째 하고 있는 베테랑이기도 했다.

덧붙여 저자에게 도요타는 첫째가 '품질'이고 둘째가 '안전'인데, 그 기저에는 강한 현장을 지속시키는 도요타의 자랑거리인 '5S'가 있다고 했다.

그때로부터 4년 정도 흐른 지금에 와서 그 말을 이해할 수 있게 되었다. 해외 출장 기회를 통해 안전보건 우수기업으로 공증을 받았거나 전문가들이 추천한 회사를 직접 방문할 기회가 많았기 때문이다. 물론 그런 회사는 상당히 유명한 다국적 기업들이다. 그런 회사를 방문할 때 가장 먼저 눈에 들어오는 풍경은 회사 정문과 안내실이다. 지금까지 안전보건을 잘 관리한다는 기업의 정문, 사무실, 현장은 정말 깨끗했다. 또한 방문객을 친절하게 대하는 것도 몸으로 느낄 수 있었다.

우리나라의 대기업 근무 당시 〈안전과 감사의 일기〉 등 행복 나눔을 몸소 실천하고, 퇴임 후 안전문화 강의와 코칭으로 왕성하게 활동하고 계신 어느 대표님의 사례를 들려주겠다.

그 대표님이 5년간 미국의 다국적 화학회사인 듀폰으로부터 분기별 안전진단을 받았던 회사에 당신 회사의 안전 수준에 대해 컨설팅을 해달라고 자신 있게 의뢰했다. 그러나 랩업 미팅에서 그 회사 컨설턴트의 이야기를 듣고 대표님은 얼굴을 들기조차 힘들었다고 했다. 도대체 대표이사 포함 경영진이 참석한 미팅석상에서 어떤 이야기가 나왔을까? 바로 이런 말이었다.

"현장에서 흡연하고 담배꽁초를 아무 데나 버리는 모습은 작업장의 소방 · 안전 · 보건 · 위생 수준을 말해줍니다."

이쯤에서 도요타의 5S를 확인해보자. 5S란 정리, 정돈, 청소, 청결, 습관화를 의미하는 일본어 단어의 앞글자들로서, 구체적으로는 다음과 같다.

① **정리**(Seri)는 작업에 필요한 것과 불필요한 것을 구분하는 것이다.

② **정돈**(Seidon)은 필요한 것을 누구나 손쉽게 쓸 수 있도록 정확한 장소에 정확한 양을 배치하고, 낭비되지 않도록 하는 것이다.

③ **청소**(Seiso)는 작업 현장에 오염원이 없도록 유지하는 것이다.

④ **청결**(Seiketsu)은 누가 언제 사용해도 불쾌감을 주지 않도록 하는 것이다.

⑤ **습관화**(Shitauke)는 정해진 규율 준수를 생활화하는 것이다.

이런 5S 활동이 지속되려면 구성원 스스로 자신의 현장이나 분임조 활동에서 최선을 다하는 팀워을 향상시켜야 한다. 즉, 안전한 사업장을 이루기 위한 첫째 조건은 정리 · 정돈의 선행인 것이다.

업무의 특성에 따라 기본 원칙은 다를 수 있다. 하지만 아래에 소개하는 두산 그룹의 기본 수칙에는 '정리 · 정돈' 관련 내용이 포함되었기에 소개하겠다.

우선 두산 그룹의 기본 수칙인 'EHS 3-3-3'(47페이지 참조)에는 안전과 관련된 항목은 물론 환경 · 소방에 관한 항목까지 포함되어있다. 또한 처음 보는 사람도 이해할 수 있도록 쉬운 용어로 적혀있다. 물론 기본 수칙의 내용이 이해하기 쉽게 쓰여진 것과, 구성원 전원이 지속적으로 실행한다는 것은 관리자에게는 또 다른 과제이기는 하다.

사례 1 | 두산 그룹 EHS 3-3-3 기본 수칙

안전

1. 작업장 내에서는 지정된 보호구를 착용한다
2. 기계 · 설비 정비는 가동 중지 후 실시한다
3. 안전장치를 임의 해제하지 않는다

환경

1. 오염물질 배출 작업은 방지시설 가동 후 실시한다
2. 화학물질, 폐유, 폐수 등 환경유해 물질을 무단투기하지 않는다
3. 폐기물은 분리수거한다

소방

1. 사업장 내에서는 금연한다
2. 화기작업 전 허가를 득한다
3. 소방시설 앞에는 물건을 적재하지 않는다

48페이지의 'Master the Basics' 사례는 우리나라 교육 중 '우수기업 사례 공유' 때 소개한, 글로벌하게 통용되는 기본 원칙이다. 저자가 중국 출장 시 현지 사람들과 글로벌 기업인 에어프로덕츠의 사업장을 방문했을 때 본 것이다. 미국계 산업용 가스회사인 에어프로덕츠의 공장에서 가장 높은 공장장이 직접 안전에 대해 설명하는 것을 들었다.

그 공장장이 언행일치를 이루는 것을 보면서 "이러니 고객에게서 신뢰를 받는 거구나"라고 생각했다. 혹시라도 글로벌 기업을 보유하고 있거나

해외 진출을 꿈꾸는 회사의 경영자라면 이를 참조해보기를 권한다.

보다시피 항목은 5개지만, 국제공용어인 영어를 포함해 한국어, 중국어, 일본어 등으로 번역된 것은 구성원과 방문객 모두를 위한 배려라고 생각했다.

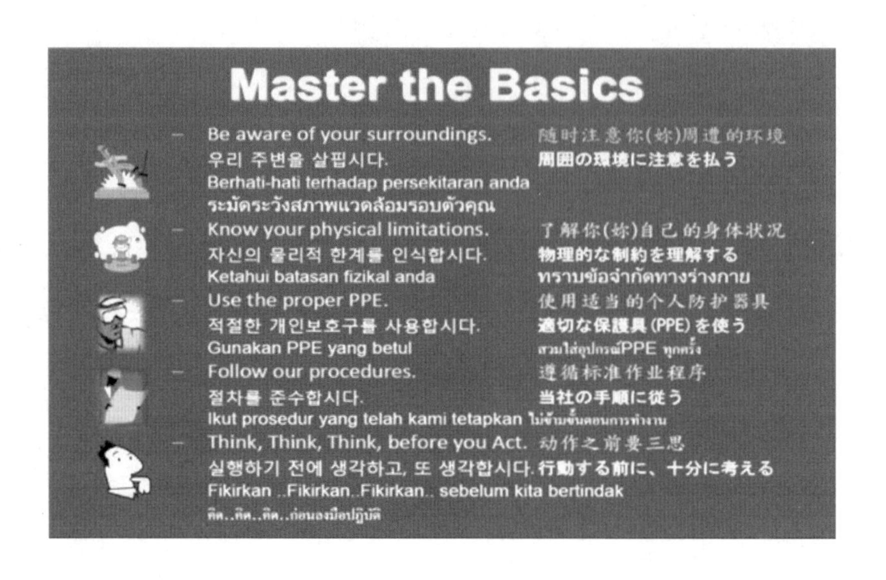

사례 2 | 주요 언어로 설명된 기본 원칙 (Master the Basics)

저자의 개인적 의견인데, 향후 5S 활동과 안전 제안 제도를 지속적으로 시행하는 사업장과 그렇지 않은 사업장의 '안전 성과와의 상관관계'를 연구하는 것도 의미가 있을 것 같다.

2014년부터 시작한 교육 과정에 2017년 상반기부터 '위험성 평가'라는 과목을 추가했다. 해당 강사분이 근무하는 한국안전기술협회를 방문했다. 협회장은 명함을 건네면서 안전을 이해하는 데 도움이 될 것이라며《안전경영학 카페》라는 책도 주었다.

현장에서 실천적(Practical)인 안전을 이루려면 5S가 중요하다고 저자가 말하자 동석했던 기술본부장은 "5S를 넘어 3작(三作)을 해야" 한다고 주장했다. 3작이란 "작업 전(前) '안전점검', 작업 중(中) '안전수칙', 작업 후(後) '정리 · 정돈 및 통로 확보'"라고 했다.

기술본부장의 주장은 아주 간결하고 정확했다. 매일 생산현장에서 Q(품질) · C(비용) · D(납기)와 연관된 활동으로 바쁜데, 거기에 산업안전보건법(이하 '산안법') 세부 실천 사항까지 이야기하면 그냥 흘려 듣는다는 것이다. 더욱이 산안법에 대해 교육을 받은 적이 없고 '법' 자체를 어렵게 여기는 팀장 · 반장급 리더들에게는, TBM 시 '3작'에 대해 주지시킨 다음 물어보는 방식을 계속하는 것이 효과적이라고 했다. 참고로 TBM이란 'Tool Box Meeting'의 약어로, 일본에서 시작한 위험예지훈련의 일종이다. 즉, 작업에 임하기 전에 안전이나 작업 절차 등에 대해 현장에서 벌이는 간단한 토의 모임을 뜻한다.

기술본부장은 교대 근무가 있는 사업장에서는 근무 인수인계 시 교대조의 조장 · 반장의 주도하에 매일 5~10분간 3작을 주지시킨 뒤 〈작업일지〉에 '안전교육'으로 기록하면 된다고 제의했다. 이것을 월, 분기, 1년 단위로 계속하면 아마도 정규 교육 시간(분기별 3~6시간) 이상 안전교육을 하는 셈이 된다. 결국 작업자 스스로의 일상에 직접 녹아서 살아 움직이는 안전수칙이 된다는 것이다.

앞에서 언급한 정리 · 정돈을 포함한 5S 활동이 사업장에서 잘 전파되기 위해서는 3작 활동을 강조해야 한다. 이를 가능하게 하는 것은 3현주의(三現主義)다. 3현주의란 안전점검을 위한 체크나 의사결정을 위해 실제 현장(現場)에서 직접 현물(現物)을 눈으로 보고 귀로 듣고 느끼면서 현실(現實)을 인식하여 의사결정을 정확히 하는 것이다.

ICT(정보통신기술)의 발달로 '디지털 변혁(Digital Transformation)'이 더욱 빨리 도래하고 있다. 하지만 모든 것이 빨라지거나 디지털화되는 것이 좋은 건 아니다. 현장경영이 오늘날에도 경영에서의 의사결정에 고전적인 도구(Tool)로서 강조되는 이유이기도 하다.

안전 관점에서 보면 유해한 위험요소를 발굴하고, 문제가 잠재된 혹은 발생한 현장에 경영진이 직접 찾아가 실무진과 해결안에 대해 논의하는 것 등은 실행 속도를 증가시키는 경영 활동의 일환으로 진화 · 발전할 수 있을 것이다.

"깨진 유리창과 같은 사소한 허점을 방치해두면 더 큰 문제로 이어질 가능성이 높다"는 '깨진 유리창 이론'이 있다. 미국 범죄학자인 제임스 윌슨과 조지 켈링이 1982년에 발표한 것이다. 정리 · 정돈이 되지 않은 현장에서 작은 실수가 계속 벌어진다면 구성원들의 마음속에는 '비정상의 정상화'가 자리를 잡게 된다. 그러면 언젠가는 커다란 사건 · 사고가 터진다는 것이다.

안전이라는 꽃은 '정리 · 정돈'이라는 토양에서만 잘 자랄 수 있다. 지금 당장 5S를 시작해보자.

✔ 팩트 체크

1. 안전과 관련된 활동의 선결 요건 중 하나인 5S 활동은 어떻게 진행하는지?
2. 우리 사업장의 현 수준과 향후 개선 방향 · 전략은?
3. 흡연 구역의 범위를 명확히 제한하는지?

2

안나 카레니나 법칙

[Benchmarking]

지혜로운 사람이란 만나는 모든 이로부터 무언가를 배울 수 있는 사람이다. _《탈무드》

우리의 삶에는 다양한 문제가 내포되어있다. 그리고 여기서 말하는 '문제'의 해결이란 현실과 이상의 차이, 즉 갭(GAP)을 정의하고 난 후 해결안(Solution)을 수립하는 것을 말한다. 자주 활용되는 방법론으로는 하향식(Top-Down) 지시, 집단지성을 활용해 아이디어를 수렴하는 브레인스토밍(Brainstorming), 벤치마킹(Benchmarking) 등이 있다.

벤치마킹이란 원래 토목 분야에서 강의 수위를 측정하기 위해 기준점인 벤치마크(Benchmark)를 표시하는 행위를 말한다. 기업 경영 분야 벤치마킹 도구(Tool)는 미국 복사기 전문 회사 제록스가 일본 경쟁 기업들의 경영 노하우를 파악하려고 직접 일본으로 건너가 다양한 분야에서 조사를 하면서 만들어졌다. 제록스는 자사의 경영 전략에 경쟁 기업들의 경영 노하우를 도입하여 기업 경쟁력을 회복했다. 최근에는 다른 사업 영역으로부터도 벤치마킹이 이루어지고 있다.

도요타는 미국의 슈퍼마켓에서 재고 관리 방식을 벤치마킹해 적시생산 시스템인 JIT(Just In Time)를 만들었다. JIT는 필요한 물품을 정해진 시간에 정해진 양만큼 정해진 장소에 공급하는 것이다. JIT는 재고 감소와 고객 만족을 동시에 충족시키는 도요타의 경쟁력 요소로 자리 잡고 있다. JIT는 현재 미국 기업 등 많은 기업의 벤치마킹 대상이 되고 있다.

그렇지만 이종업종을 벤치마킹할 경우에는 "왜 벤치마킹을 하는지?"와 "무엇을 배울지?"를 사전에 확실히 설정해두어야 한다. 그러지 않는다면 벤치마킹을 진행하더라도 이를 실제로 적용하지 못하게 된다.

톨스토이의 소설 《안나 카레니나》의 첫 장에는 "행복한 가정은 모두 엇비슷하고, 불행한 가정은 불행한 이유가 제작기 다르다"라고 적혀있다. 바로 그 가정을 우리가 추구하는 조직의 안전문화와 연계해 생각해보자. 실제로 벤치마킹의 대상이 되는 우수기업은 고유의 특징이 있다. 이를 종합해보면 다음과 같은 공통점을 찾을 수 있다. 54페이지에서부터 소개하는 2가지 사례는 저자가 3년 전부터 하고 있는 중국 지역 교육 때마다 방문했던 기업의 이야기다.

사례 1 | 옌타이에 진출한 독일계 가구업체와 일본 T사의 베어링 제조 업체

계열사에 근무하는 현지인 안전보건 파트 리더, 통역 인원과 함께 옌타이 시정부의 감독기관인 안전감독국(이하 '안감국')에서 추천한 독일계 가구업체를 방문했다. 통상 벤치마킹 때마다 회사 규모나 인원을 확인한 후 진행 여부를 결정했으나, 이번 회사는 정부기관에서 추천한 곳이라 더 알아보지 않고 진행했다. 근무인원은 총경리를 담당하는 독일인 CEO와 안전보건담당자 1명을 포함해 총 20여 명이었다.

정문 근무자는 우리에게 방문객용 카드를 건네주면서 카드를 패용할 것과 안내자의 인도에 따라서만 출입할 수 있다고 설명한다. 방문카드에는 영어로 작성된 안전지침(Safety Instructions for Visitors)과 중국어로 작성된 비상시 대피 방법(Escape Routes)이 상세히 적혀있다. 중국인 HSE 담당자를 따라 사무실로 이동할 때 가장 먼저 눈에 들어온 것은 '안전생산 현황판'이다. 담당자는 우리를 서류가 가지런하게 정리된 본인 사무실로 인도한 후 독일인 CEO의 안전과 관련 가시적 리더십(Visible Leadership) 활동에 대해 상세한 이야기를 들려주었다. 20명 정도의 소규모 회사지만 CEO가 안전 회의 시 직접 강의를 한다. 또한 정해진 주기 없이 시간이 날 때마다 현장을 방문해 안전 관찰을 하여 문제점을 발견하고 개선 방안을 논의한다.

최근 정부 산하의 외부 점검기관으로부터 받은 지적 사항은 매출액에 비해 대규모 투자가 수반되어야 하는 항목이었다. 그 건에 대해 CEO가 독일

본사의 경영진을 직접 설득해 최종 투자 승인을 받았다고 한다. 안전문화 정착을 위한 구성원들의 기본 수칙 준수는 당연한 것이니 별도 포상이 없다. 반면에 마스크나 보안경 등 회사에서 공정별로 지정한 개인보호장비를 착용하지 않았다면 개인당 50위안의 벌금을 부과하는 원칙을 시행한다고 했다.

비록 회사 규모는 아주 작았지만 최고경영자의 눈에 보이는 활동들이 구성원들에게 바로바로 전파된다. 이렇듯 '리더의 솔선수범'이야말로 안전문화 구축을 위한 가장 빠르고 효과적인 실행 방법인 것이다.

다음 방문지는 1989년 설립되어 글로벌 자동차 업체에 베어링을 공급하는 자동차 부품회사였다. 일본인 CEO 1명과 중국인 직원 450여 명이 근무한다. 이 회사의 안전보건 담당 팀장은 생산구매 분야에서 경력을 쌓은 지 10년 후 품질 관리 업무를 경험했으며, 현재 안전보건 업무를 맡은 입사 30년차 베테랑이다. 지금까지 경험한 업무 중 현재 담당하는 안전보건 업무가 가장 어렵다고 한다.

이 회사에서 가장 인상 깊었던 점은 안전에 대한 감수성 제고를 위한 안전체험관이었다. 최근 우리나라에서도 사기업뿐만 아니라 지자체 주관의 안전체험관이 많이 설립되고 있다. 물론 과거에 비하면 안전에 대한 관심이 사회 저변에 확대되는 것은 상당히 고무적이며 박수 칠 만한 일이다. 다만 그 위치가 사건 · 사고가 자주 발생하는 생산 현장이 아닌 멀리 떨어진 독립된 공간에 있는 경우가 대부분이다.

그러나 이 회사는 현장 라인 안에 '안전도장(安全道場, 안전교육 · 체험관)'을 만들어 자사에서 발생한 글로벌 사고 사례를 공유한다. 그럼으로써 직원들의 경각심을 고취하고 재발 방지를 위해 노력한다. 교육 방식 또한 컴퓨터

나 스크린 등 디지털 기기나 컬러 포스터 같은 부착물 대신 A4 용지를 흑백 인쇄해 구성원 각자가 학습한 후 서명란에 직접 서명하는 방식이다. 왜 굳이 컴퓨터 대신 종이를 사용하느냐고 물었다. 그러자 안전보건 담당 팀장은 이렇게 대답했다.

"사고 사례 공유는 유사한 사고 예방을 위한 '실시간'이라는 공유 시점과 '전원 참여'라는 대상이 중요합니다. 또한 재발 방지를 위해 구성원의 아이디어를 모으기 위한 것이기도 하고요."

개선 아이디어란에는 각자의 업무 경험과 지식에 비춰 하나둘씩 부착한 아이디어가 있었다. 본인이 쓴 내용을 붙이면서 다른 조원이 쓴 내용을 볼 수 있다는 장점과 함께 아이디어란이 풍성해지는 짜릿함도 맛볼 수 있다고 했다.

전 직원 대상 안전교육은 현장중심적이며 시스템적으로 이루어진다. 먼저 최초 환경안전팀(부장 포함 4명)은 위험 예지, 고소(高所), 지게차, 직업병 방지, MSDS(Material Safety Data Sheet, 물질 안전보건 자료) 이해와 같이 교육 테마를 구체화한다. 그런 다음 반장들에게만 교육을 실시한다. 교육을 받은 반장들은 해당 소조(小組, 조 · 반)에 전파하기 위한 교육을 하는 강사이자 안전 제안 활동과 같은 개선 활동에 참여할 수 있도록 격려하는 변화관리자 역할을 수행한다.

공장에서 관리되는 지표로는 사고를 세분화한 중대 사고, 휴업 사고, 불(不) 휴업 사고, 중대 교통사고 등을 관리한다. 2007~2017년 휴업재해 통계 결과를 분석한 결과 부상자가 많이 발생한 경상 및 베임 사고를 지속 관리한 결과 2015년 1건 발생 후 현재까지 없다고 했다.

안전 관리의 기본이 되는 생산 현장을 포함한 다양한 업무 경험과 설립 초기 멤버로서 사업장 구성원들과의 오랜 휴먼터치(Human Touch)로 무장한 안전보건 담당 팀장은 또 하나의 안전의 역사를 쓰고 있었다.

사례 2 | 한국계 공작기계 제조회사

이 회사에서 안전보건팀은 한국인 CEO(법인장) 직속으로 안전보건 업무에 보안 업무를 포함하여 EHS팀으로 불린다.

정문을 지나자 우리를 반긴 것은 다름 아닌 공장 출입구에 박힌 '집결지(Shelter)'라는 표지석과 보행자 안전을 위한 인도(人道) 표시인 '선명한 발자국'이었다.

중국인 안전보건 담당 팀장의 사무실로 이동하면서 자주 보이는 것 중 하나는 사무실과 회의실 곳곳에 부착된 안전보건 방침으로, 한국인 대표이사의 서명이 적혀있다. 다른 회사의 경우 안전보건 방침은 없고 사업부 비전이나 생산 관련 목표 구호만 걸려있는 걸 많이 볼 수 있다. 이런 회사에서는 안전이 우선순위에서 밀리고 있는 것이다.

이곳에서는 한국에 있는 본사의 CEO가 방문할 때마다 가장 먼저 EHS 관련 내용을 보고 받는다. 즉, 경영진의 안전보건에 대한 관심도 · 중요도가 임직원들에게 바로 전파되는 것이다.

안전보건 관리 지표도 후행(결과, Lagging Indicator) 지표뿐만 아니라 선행(과정, Leading Indicator) 지표까지 함께 관리하고 있다. 이는 법인장 · 생산 부문장의 MBO(Management by Objectives, 업무 목표)에서 5~10% 비중으로 관리된다.

더욱 놀라운 것은 라인 중심의 실질적인 안전과 관련된 활동을 위해 스스로 목표를 수립 · 관리하고, 개선 활동에 참여하며, 현장 직 · 반장 개인의 보너스와 연계하는 시스템으로 운영하고 있다는 점이다. 담당 팀장에게 어떻게 시스템화를 했냐고 묻자, 일전에 한국에서 파견된 EHS 팀장이 현장의 많은 반대를 무릅쓰며 오랫동안 심혈을 기울인 결과라고 했다. 역시 시스템을 만드는 것도 사람이며, 운용하는 것도 사람인 것이다.

하지만 벤치마킹에 참여한 안전보건팀원 모두가 저자와 같이 들뜨거나 완전히 만족하지는 않았다. 그 이유를 생각해보니 이 회사가 각자의 회사보다 규모도 크지 않고, 더욱이 업종도 달라서였다.

그럼 벤치마킹을 왜 하는가? 이러한 벤치마킹으로 무엇을 얻어야 하는가? 그러한 벤치마킹 포인트를 구체적으로 설정하지 않았기에 이런 생각이 들었던 것이다. 즉, Why와 What이 없는 How(방법론)만 듣고 온다면 벤치마킹이 지속적으로 유지되기는 힘들다. 하물며 수동적으로 참여할 뿐이라면 시간과 노력 대비 결과 또한 기대치에 미치지 못할 것이다.

4개 권역으로 나누어 실시한 중국 교육 과정 중에서 우수기업 벤치마킹에 참여한 법인은 많았다. 하지만 보고 배운 내용을 실행한 법인은 그리 많지 않았다. 그중 옌타이의 A법인은 벤치마킹에서 배운 내용을 법인장(경영진)과 안전보건 담당 팀장을 포함한 안전관리자(Manager)와 현장 인원(Line)들이 삼위일체가 되어 추진하기로 결심했다. 그 결과 연초 후행 지표에 있던 안전보건지표를 연중인데도 선행 지표에 도입하고 현장 직 · 반장의 인센티브로까지 연결하는 등 법인 특성에 맞게 발 빠르게 전환했다.

옌타이 지역 현지인 교육 시 임원특강에 온 법인장은 사업장에서 발생한 사고 후 "이러다가 짤릴 수 있겠구나" 하는 생각이 들었다고 한다. 결국 구사일생으로 살아나 안전보건 시스템을 제대로 갖춰야겠다는 다짐을 했다고 한다. 이런 리더의 진정성과 개선에 대한 절실함이 실행으로 이어지면서 벤치마킹에서 배운 것을 가장 먼저 실행하는 주인공이 됐다.

요리연구가이자 음식점 프랜차이즈로 성공한 A씨가 TV프로그램에서 음식업 창업을 시작하는 사람들에게 카피(Copy)와 벤치마킹(Benchmarking)의 차이에 대해 이야기했다. 카피와 벤치마킹은 종이 한 장 차이이다. 카피는 말 그대로 소위 '대박식당'으로 문전성시를 이룬 식당에서 본 것과 똑같이 만드는 것(Copy Exactly)이다. 반면에 벤치마킹이란 그가 본 것을 따라 해보려는 사람이 자신만의 철학과 상상력을 거기에 포함시키는 것을 말한다. 벤치마킹은 여러분 스스로를 객관적으로 볼 수 있는 기회이기도 하다.

물론 밀려드는 업무로 인해 시간이 없다고 할 수도 있다. 하지만 움직이지 않으면 카피를 위한 아이디어도 얻지 못한다. 물론 여러분 스스로를 객관적으로 볼 수 있는 기회조차 만들 수 없다.

현재에 안주하지 않으려면 주위를 돌아보는 여유를 가져야 한다. 업종이 같고 다름은 그다지 중요하지 않다. 현장에서 많이 보고 듣고 배워서 더 좋은 사례(Best Practices)를 만들고자 하는 의지와 절실함만 있다면 가능하다.

✔ 팩트 체크

1. 실질적인 안전과 관련된 활동을 위한 벤치마킹을 하는지(한다면 주기 및 내용)?
2. 사전 방문 목적과 질문서(벤치마킹 포인트)를 작성하고 커뮤니케이션하는지?
3. 벤치마킹으로 습득한 내용을 사내에서 공유하는지?
4. 벤치마킹 후 조직에 적용 시 예상되는 문제(장애요인) 도출 및 변화 관리 계획을 수립했는지?

고려 사항: 현 조직의 상황(Situation)과 맥락(Context)

3
위험을 보는 것이 안전의 시작
[Hazard Identification]

가장 큰 잘못은 의식하지 않는 것이다.
본다고 보이는 게 아니고, 듣는다고 들리는 게 아니다.
관심을 가진 만큼 알게 되고, 아는 만큼 보이고 들리게 된다.
관심과 호기심이 모든 것의 출발점이다.

_ 영국 사상가 토머스 칼라일

2014년 LG 그룹에서 임직원의 안전보건 마인드 제고 및 전문가 육성을 위한 교육 시스템 수립을 맡게 된 저자의 첫 발걸음은 인천으로 향했다. 처음 꾸려진 LG 그룹 진단팀의 외부 멤버로 안전보건공단에서의 실무 경험을 갖추고 컨설팅 업체를 운영하는 분을 소개받아서였다.

사무실 입구에 즐비하게 쌓인 보고서와 빈칸이 없을 정도로 빽빽하게 채워진 월간일정표가 아직도 선하다. 아침 일찍 방문한 것에 감사를 표하던 그 분은 밀려드는 진단보고서 작성 때문에 매일 야근을 한다며 넋두리 섞인 얘기를 건네왔다.

초면에 부탁을 했지만 의도한 결과가 달성되지 않자 실망한 저자의 눈빛을 봤는지 본인보다 교육에 대해 뛰어난 A 부장을 소개해주었다. 다음 날 저자의 행선지는 울산이었다.

A 부장이 근무하는 안전보건공단은 2014년 2월 지역 균형 발전을 위해 울산으로 이동했다. A 부장이 근무하는 본관 건물 입구에서 '안전을 먼저 생각하자'는 표지석과 '위험을 보는 것이 안전의 시작'이라는 글귀가 저자를 반기고 있었다. 그럼 여기서 말하는 '위험'이란 무엇일까?

위험에는 '위험요소'라는 해저드(Hazard)와 '위험성'이라는 리스크(Risk)가 있다. 더 나아가 저자는 위험을 알려면 그전에 위험요소를 판단할 수 있는 지식이나 스킬이 있어야 하지 않을까 싶었다. 그러던 중 "유해 · 위험요소를 보는 것이 안전의 시작이지 않을까?"라고 생각하기에 이르렀다. 그

안전보건공단 입구

래서 세계 최초로 엘리베이터를 개발한 OTIS에서 근무했던 분과 교육 과정을 개발하며 들었던 유해 · 위험요소 발굴(Hazard Scan) 활동 내용을 공유하겠다.

본격적인 안전교육에 앞서 강사는 사업장에서 자주 접할 수 있는 라인 내 조립 · 해체 작업, 포장 · 상하차 작업, 용접 등 수리 · 보전 작업은 물론 외부 사업장 방문 및 생활안전과 관련된 내용의 사진을 보여준다. 이에 참가한 교육생들이 발굴한 위험요소의 갯수나 깊이는 다르다. 개인별로 축적된 지식과 경험이 다르기 때문이다. 예를 들면, 안전 업무만을 했던 사람은 안전 측면에서만 이야기하나, 업무 경험이 풍부한 사람은 안전은 물론 다른 사람이 잘 보지 못한 환경 · 보건 측면에서도 위험요소를 발굴한다.

교육 방식은 대개 토론식(때로는 팀 대항)이다. 빙산처럼 잠재되어있다가 수면 위로 올라오는, 즉 현재화되는 것이 리스크라는 사실에 입각해 보이지 않는 요소까지 볼려는 노력이 필요하기 때문이다. 아울러 위험성 평가의 5단계 중 첫째 단계가 위험요소 식별임을 다시 한 번 생각해야 한다.

사례 1 | 일본계 회사의 실속형 안전체험관

최근 몇 년 동안 안전문화의식 향상과 체험식 안전교육을 위해 안전체험관을 짓는 회사들이 많아졌다. B사는 자사에 30억 원 규모로 체험관을 설립 · 운영 중이다. C사는 CSR(Corporate Social Responsibility, 기업의 사회적 책임) 차원에서 규모가 100억 원대에 달하는 글로벌 안전체험관을 설립해 자사와 협력사 인원은 물론 지역 시민들까지 활용할 수 있게 하고 있다.

구미와 오창 등 우리나라의 5개 지역에 사업장을 가지고 있는 D사가 있다. 구미 시내에서 D사 직원을 구별하는 방법이 있다고 한다. 횡단보도를 건널 때 좌우 · 중앙을 손으로 가리키면서 건너는 사람은 십중팔구 D사 직원이라는 것이다. '세 살 버릇이 여든까지 간다'는 말처럼 회사 내에서 체화된 보행자 안전수칙이 외부에서도 부지불식 간에 나타나는 긍정적인 효과인 것이다.

오창의 D사 사업장을 방문했을 때 만난 안전보건 담당 팀장과 나눈 이야기도 크게 다르지 않았다. 공장 건설 초기에 아무도 없는 허허벌판에 그려진 횡단보도 앞에 선 D사 직원들은 구미에서와 같은 행동을 했다는 것이다. 그때 공사에 참여한 협력사 사람들은 그 광경을 보고 이상하게 생각하고, 심지어 미쳤다고까지 했다. 하지만 그 취지를 듣고 나서는 방관자로 있던 사람들도 하나둘씩 따라하는 '동조효과'가 나타났다고 했다.

팀장의 안내로 안전실무자(대리)가 기안했다는 안전체험관으로 갔다. 과거에 발생한 사건 · 사고를 사전에 분석하고, 사고 예방을 위한 고민을 취합하기 위해 전 구성원의 아이디어를 반영했다는 것이다. 비용 대비 실속형 체험관이었다. 공장 내 사무공간을 활용해 만든 체험관에는 위험요소가 높은 사항을 직접 실습할 수 있도록 했다. 예를 들면, '보행 중 전화 안 받기' 혹은 '주머니에 손 안 넣기' 같은 캠페인을 위해 주머니에 손을 넣고 매트리스 위에서 떨어져보는 낙하실험, 근골격 부상 예방을 위한 중량물 바르게 들기, 안전 작업의 중요성 체험을 위한 일반 장갑과 안전장갑 착용 체험 비교, 비상시 자동심장충격기(AED) 사용하기, 공기 호흡기 실험 등이 있다.

저자의 시선을 가장 오랫동안 머무르게 했던 것은 다름 아닌 '패달을 거꾸로 세워놓은 오래된 자전거'와 장갑이었다. 롤러 등 회전체에서 가장 많이 발생하는 협착사고를 예방하기 위해 재현한 설비였다. 여기에는 이를 직접 체험해본 이 회사 대표의 개선 아이디어까지 반영되었다고 한다. 실무자의 아이디어(장갑 대신 소시지 사용)로 출발한 현장밀착형 안전체험관이 최고경영자를 포함한 모든 구성원의 아이디어 집합체가 된 것이다.

사례 2 | 현장(교대조) 중심의 위험성 평가(위험예지훈련) 실시 및 안전 회의

제조 현장이 24시간 쉼없이 돌아가면 최대의 생산성이 확보된다. 따라서 예기치 못한 원인에 따른 부동시간(Shut-Down)을 줄이는 것은 추가적인 생산성 향상의 기회로 이어진다. 그래서 생산 · 공무 부서는 이에 대해 많이 고민한다.

정상 운전 중인 공장을 매주 수요일 오전 특정 시간(8~9시)마다 멈추고 위험성 평가를 한다는 회사를 방문했다.

아침 일찍 생산팀 분임조 회의실을 방문해 인사를 나눈 후 40분가량 회의하는 모습을 직접 봤다. 연초 분임조에서 자발적으로 선정된 리더와 서기가 회의를 주관하면서 위험성 평가를 시작한다. 먼저 사전에 사진 촬영한 작업 구역 내 위험요소를 보면서 분임조원들은 각자가 생각하는 위험성(시급성 및 위험 정도)과 예방 대책을 브레인스토밍 형태로 이야기하는 식이다. 처음에는 안전보건팀 주도로 실시했으나 약 4년 전부터는 분임조 스스로 운영하는 시스템으로 정착됐다고 한다. 약 1시간 동안 논의된 내용을 분임조의 계 · 반장이 VTB(Visual Tracking Board)라는 시스템에 입력한다.

이때 다른 회의실에서는 총괄공장장 주관으로 생산팀장, 안전팀장, 공무팀장 등이 참석하는 회의가 열린다. 오전에는 안전과 관련 된 제안을, 오후에는 Q(품질) · C(비용) · D(납기) 관련 현장의 제안이나 현안에 대해 논의하고 실행 주체나 기한 등을 확정한다.

오전에 안전을 논의한다는 것 또한 안전이 다른 요소에 비해 최우선적으로 다루어진다는 사실을 보여준다. 또한 일정금액(5천만 원) 이상의 투자가 필요한 경우 사업장 내 산업안전보건위원회(이하 '산보위')의 안건으로 공식 제안된다.

또한 격월로 진행되는 BG장(사장단) 회의 시 각 BG에서 취합된 안전과 관련된 제안에 대해 후속 조치(Follow-Up) 여부를 중간 점검한다. 만약 제안된 내용 중 기한을 넘기거나 완료되지 않은 사항이 있는 항목은 해당 사업부의 본부장이 직접 사유와 진행 상황을 보고하는 프로세스를 갖추고 있다. 이렇듯 분임조의 자발적 참여로 제안된 현장의 위험성 감소 아이디어가 경영진까지 전달 · 논의되는 것이다. 바로 그 결과가 그것을 제안한 분임조에 피드백되기에 참여율은 지속적으로 높아지고 있다.

'[부록 1] 신해행증(信解行證)의 스토리'에서 소개한 도레이도 기본적인 위험에 대해서 타인이 아닌 본인 스스로 묻고 답하는 '자문자답' 카드를 활용하고 있다. 특히 비정상적 작업이나 돌발적 작업을 시작하기 전 1분간 안전에 대해 생각한다고 한다. 주요 항목으로는 회전체에 말릴 위험, 칼날 등에 베일 위험, 머리 위 낙하물에 충돌할 위험, 지게차와 충돌할 위험 등과 '근골격계 부상 예방'을 위해 허리나 목에 과도한 힘이 작용하는 것에 대해서 스스로 생각해보는 것이다. 그렇게 해서 안전이 확보될 경우 작업을 시작하는 것이다.

[사례 1]이나 [사례 2]에서처럼 유해 · 위험요소를 제거하는 방법으로 '3E'와 '5단계 감소' 같은 방법이 많이 사용된다.

3E는 공학(Engineering), 법규 · 규정의 집행(Enforcement), 교육훈련(Education)의 약어다.

5단계 감소 방법은 제거, 대체, 설비 투자나 개선을 통한 공학적 대책, 교육과 같은 관리적 대책, 개인보호장비 착용이다.

가장 효과적인 대책은 유해요인 자체를 제거하거나 다른 것으로 대체하는 것이다. 그러나 때로는 많은 시간과 비용을 투자해야 한다. 그래서 대부분의 개선 대책은 실행이 용이하며 상대적으로 비용이 적게 드는 교육 실시나 보호구 착용이다. 그러나 큰 강의실에서 일방향으로 진행되는 교육이라면 계획한 교육 목표를 단기간에 달성할 수 있으나 효과성 면에서는 긍정적이지 못하다. 따라서 사고가 났을 때 통상 이야기하는 "교육도 안 시키고 뭐했어!"라는, 교육을 만병통치약처럼 생각하는 인식을 변화시켜야 한다.

특히 개인보호장비 착용 시 사용 장소나 취급 물질에 맞는 적절한 보호구를 선정하고, 올바른 착용법에 대한 교육도 반드시 실시해야 한다. 물론 교육 내용에는 관리 방법도 포함된다. 군대의 사격장 등에서 근무하다 전

역한 사람들이 국가를 상대로 이명, 즉 외부로부터의 소리 같은 자극이 없는데도 귓속 또는 머릿속에서 소리를 느끼는 현상에 대한 보상을 요구하는 것도 사전에 이에 대해 제대로 알려주지 않았기 때문에 벌어진 일이다. 그래서 보호구 착용 및 관리에 대한 교육이 필요한 것이다.

보호구는 유해 · 위험요소를 감소시켜 개인의 안전과 생명을 지키는 최후의 보루다. 물론 "가장 안전한 사업장은 다름 아닌 개인보호장비가 필요 없는 사업장이다"라는 사실은 재론의 여지가 없다. 《위대한 조직을 만드는 10가지 절대법칙》에서 소개된 미켈란젤로의 말처럼 "완벽함은 결국 사소한 부분에서 나온다.

하지만 완벽함은 결코 사소한 문제가 아니다"와 같이 항상 위험요소를 발굴하려는 노력 자체가 중요하다. 무엇보다도 안전보건관리자를 비롯해 현장을 잘 알며 경험도 많은 사람 등 모두가 참여하는 유해 · 위험요소 발굴 · 개선 활동이야 말로 안전한 사업장을 만드는 데 필요한 요소임을 명심하길 바란다.

✔ 팩트 체크

1. 유해 · 위험요소 발굴(Hazard Scan) 교육을 실시하는지?
2. 위험성 평가나 위험요소 발굴 시 현장 전문가 및 안전보건관리자가 참여하는지?
3. 발굴된 위험요소에 대한 개선 대책 수립 및 후속 조치(Follow-Up)가 이루어지는지?
   - 의사결정권자에게 논의 · 전달하는 업무 프로세스가 있는지?
   - 채택되지 못한 아이디어에 대한 피드백도 이루어지는지?
4. '아차사고' 보고 및 안전 제안 제도가 실행되고 있는지?

4
선배들의 유언을 지키자
[Policy & Golden rule]

> 나는 위대하고 고귀한 임무를 완수하기를 열망한다.
> 하지만 내 주된 임무이자 기쁨은 작은 임무라도 위대하고 고귀한 임무인 듯 완수해나가는 것이다. _ 헬렌 켈러

2013년 말 파일럿(Pilot) 형태로 진행된 LG 그룹 안전보건 진단 결과 보고 때였다. 그룹 내 임직원 대상 안전보건 마인드 향상과 안전보건 직군(안전 · 환경 · 소방/방재 · 보건)의 전문성 향상을 위한 안전보건교육 시스템 수립의 필요성이 대두됐다. 그때 안전과 관련 된 전문성이 없던 저자는 2014년 상반기에 내부 현업 실무자들과 외부 안전교육 대가분들의 도움을 받아 나름의 교육 시스템에 뼈대와 살을 붙이는 데 전념하고 있었다. 드디어 2014년 9월, 안전보건 리더 육성의 첫 관문인 입문 과정을 파일럿으로 운영하기에 이르렀다.

그러던 중 슬프게도 2015년 초 계열사에서 사망사고가 발생했다. 그리고

얼마 뒤 동종 업계인 A사에서도 비슷한 이유로 사망사고가 발생했다고 들었다. 그러던 어느 날 입문 과정에 강사로 온 외부 전문가의 전화를 받고 약속 장소로 갔다. 그분과의 대화는 자연스럽게 최근 발생한 계열사와 A사 사고 조사에 그분이 참여했을 때의 이야기로 흘렀다. 같은 종류의 사고가 서로 다른 두 회사에서 발생했으나 대응하는 방법이 너무 달랐다는 내용이었다.

A사의 경우에는 총괄 부서에서 담당자가 급파되어 사고 조사에 참여한 외부 인원들에게 부족하거나 도울 수 있는 부분이 없는지 계속 묻는다고 했다. 그러나 우리 계열사는 그 회사가 원래 잘해서 그런지 지원하는 사람도 거의 없고, 실제 사고 조사 때 확인해보니 밖에서 봤던 것과는 많이 다르다고 했다. 그러면서 2014년에 수립한 그룹 교육 시스템과 같이 그룹에서 안전보건에 대해 정말로 관심이 있는지, 그룹 안경환경 방침이 무엇인지 설명해달라고 했다.

저자는 이전 계열사에서 봤던 안전보건 방침을 떠올리면서 굳이 그룹에도 방침을 만들 필요가 있느냐고 답변했다. 하지만 곧 저자 자신의 무지함에 얼굴을 붉히고 말았다. 그분은 본인이 사고 조사에 참여하면서 느꼈던 감정과 저자의 대답이 같다는 것을 입증하듯, "이것이 귀사 측의 수준인 것 같군요"라는 식으로 듣기에는 거북하지만 진솔한 이야기를 했다.

'방침(Policy)'이란 해당 조직(리더)이 안전보건에 대한 의지를 대내외적으로 표명하는 것이다. 따라서 그룹 본사가 먼저 방침을 만든 뒤 계열사가 그 방침을 바탕으로 자신들의 방침을 만들거나 업데이트한다고 했다. 미팅 후 늘 가깝게 느껴졌던 전철역이 그날 따라 멀게 느껴졌다. "당장 내일부터 그룹의 안전보건 방침과 기본 원칙을 어떻게 만들 것인가?"를 고민했다.

일단 이 장에서는 앞에서 벤치마킹 사례로 소개했던 우수기업의 안전보건 방침과 기본 원칙(Golden Rule, 철칙)에 대한 이야기를 하겠다. 이에 대한 가장 좋은 사례는 '[부록 1] 신해행증(信解行證)의 스토리'에 소개한 한국솔베이의 경우이니 다시 한 번 읽어보기를 권한다.

두 번째 사례로는 앞서 소개한 미국계 산업용 가스회사인 에어프로덕츠를 들고자 한다. 저자가 방문했던 에어프로덕츠의 중국 광저우 지사는 사무실과 회의실 곳곳에 그룹의 안전보건 방침을 게시하고 있다. 또한 방침 게시물 아래에 그룹 회장의 서명은 물론 그 오른쪽에는 그룹 내 안전 분야의 최고경영자인 CRO(Chief Risk Officer)의 이름과 서명도 회장의 서명과 동등한 높이에 적혀있다.

에어프로덕츠의 광저우 지사는 기존에 본사에서 제정했던 회사의 안전룰(Safty Rule)을 좀 더 업데이트했다. 이는 생산된 가스를 탱크로리나 저장용기로 고객(사)에게 운송하는 교통시스템에서 나타났던, 기존에 없던 차량 사고가 많이 발생했기 때문이다. 즉, 이를 그룹 내 안전룰에 포함시켜 관리하기로 결정한 것이다.

그러한 과정에서 사업을 글로벌하게 추진하는 구성원들과의 커뮤니케이션을 위해서 업데이트된 룰을 설명하는 영상을 제작하기로 했다. 그 주인공은 다름 아닌 그룹의 최고경영자인 회장이었다. 회장이 업데이트된 룰의 취지를 직접 설명함으로써 전 세계의 그룹 구성원들과 커뮤니케이션의 기회를 가진 것이다. 아울러 안전여행(Journey of Safety)의 이정표도 남겼다.

이렇듯 방침이란 해당 조직에서 안전보건 부문의 장기적 목표 · 전략 달성을 위해 조직의 구성원 모두가 숙지해야 하는 것이다. 이는 의사결정 시 가치 기준 · 원칙이 되기 때문이다. 따라서 기본 포함 사항에는 안전보건에 대한 장기적 목표, 그러한 목표를 달성하기 위한 구성원들의 세부적이고 구체적인 행동 지침 등이 포함되어야 한다. 무엇보다 중요한 것은 최고경영자 혹은 안전보건과 관련된 최고책임자의 승인 표시 및 발행 날짜가 포함되어야 한다는 것이다.

안전보건교육은 머리로 습득한 지식을 현업에서 배운 대로 실행하고 현장에서 반드시 지키겠다는 마음 자세를 가다듬는 교육이다. 그래서 소방 영역에서는 '교육'이라는 표현보다 '훈련(Drill)'이라는 표현을 사용한다. 현장에서 지킬 수 있는 룰을 만들기 위해서는 기존의 사고 사례나 동종업종에서의 사례를 바탕으로 데이터를 분석해 해당 사업장에서 꼭 지켜야 할 항목을 이끌어내야 한다. 그 항목을 모든 구성원이 지속적으로 참석하는 교육 과정에서 반복함으로써 익히게 해야 한다. 그렇게 그 수준을 높여 비상시에도 무의식적으로 나타낼 수 있도록 해야 한다.

2016년에 개봉한 영화 〈곡성〉을 봤다. 곡성(哭聲)이란 사람이 죽어 장례를 치를 때 내는 소리다. 영화의 줄거리는 낯선 외지인이 나타나면서 의문의 연쇄 살인 사건이 발생하자 범인을 찾는 것이다. 그런데 살인 사건이 발생했으니 출동하라는 전화를 받은 주인공이 장모가 밥 먹고 가라고 한다고 밥을 먹는 장면이 나온다. 주인공이 과연 중요한 시기에 올바른 결정을 한 것이라 보는가? 그래서 이 영화의 대사인 "뭣이 중한디, 뭣이 중허냐고?"는 코미디 프로그램에서 패러디될 정도로 명대사로 떠올랐다. 지금도 불편한 사회 현상이나 진실을 이야기할 때 오래된 유행가처럼 자주 사용된다. 바로 이 "뭣이 중한지?"를 우리의 안전과 연계해 생각해보자.

안전과 관련된 룰을 제정할 때 처음에는 일반적인 내용으로 시작할 수 있다. 하지만 어느 정도 뒤에는 과거부터 수집된 사건 · 사고 자료를 분석하고 공통점을 찾아내기 마련이다. 그래서 이것만 지킨다면 중대한 재해로 확산되지 않는다는 확신을 심어줄 수 있다. 물론 생산라인이 있는 사업장과 사무직이 많은 곳에서의 공통적인 룰은 다를 수 있다. 그런데 최근에는 공통적인 룰에 더하여 계단 난간 잡기, 보행 중 스마트폰 보지 않기 같은 기본 준수 내용을 강조하는 회사도 많아지고 있다.

또한 사람이 한꺼번에 많은 내용을 기억할 수 없다는 사실에 비춰 미국 심리학자 조지 밀러의 '마법의 숫자(Magical Number)'를 활용해보라. '마법의 숫자'란 인간이 정보를 신뢰성 있게 단숨에 처리할 수 있는 수가 5~9개라는 의미다. 휴대폰 번호의 경우 10자리로 된 것을 한번에 기억하기 어려우니 012-3456-7890와 같이 기억하기 쉽게 의미 단위로 나누는 '청킹(Chunking)'을 사용하는 것이 대표적인 사례다.

계열사 교육이나 미팅 시 구성원들에게 안전보건 정책과 기본 원칙이 무엇인지, 그에 따른 본인의 역할이 무엇인지 물어보면 답변을 제대로 하는 이가 별로 없다. "역사를 잊은 민족에게는 미래가 없다"라는 명언처럼 비즈니스 연속성의 근간이자 개인의 육체적 · 정신적 건강의 기본 프레임을 제공하는 안전보건 정책 · 원칙을 확인해보기를 바란다. 기본 원칙이 생각나지 않으면 지금 당장 인쇄해서 가까운 곳에 두고 항상 보라. 그러면 회사(조직)가 추구하는 개인 안전의 소중함을 느끼게 될 것이다.

✔ 팩트 체크

1. 방침(Policy)과 기본 원칙(Rule)이 명시화되었는지?
   - 최고경영자, HSE 최고 임원 서명 및 업데이트
   - 우리나라 및 글로벌 기업으로의 전파 여부(해당국의 국어)
2. 사업 환경 변화(예. 법규 · 정책 변화, 고객 요구 등)에 따른 검토 및 제 · 개정이 이루어졌는지?
   - 필요시 기본 원칙 추가 혹은 업데이트 등
3. 구성원들과 커뮤니케이션 시 사용하는지?

   예) 정기적 교육, 공지(사무실의 게시판 · 홈페이지 등), 회의 시 활용
4. 모든 구성원이 휴대할 수 있는 안전과 관련된 소책자를 제작 · 배포하는지?
5. 경영 주체별 상세 역할과 책임(방문 주기, 방법 등)이 명기되었는지?

5
제조자가 아닌 사용자 중심의 설계부터

[Universal Design]

> 우리가 어떤 사람에게서 감동을 받는 이유는 그가 가진 타고난 재능 때문이 아니라, 가치 있는 것에 대한 그의 태도 때문이다.
>
> _ 미국의 자연주의 수필가 헨리 데이비드 소로

최근 뉴스에서 다음과 같은 경향이 많이 보인다. 사고가 발생하면 위험의 외주화, 작업 전 위험에 대한 교육 미실시 등 조치 미흡에 대한 기사가 나온다. 사고 조사 후에는 조직의 시스템 부재, 정해진 룰 미준수, 안전불감증, 휴먼에러 등이 손꼽힌다. 개선 대책에 대한 기사로는 조직을 재편하거나, 안전 관련 투자를 늘림으로써 강화시키거나, 경영진부터 솔선수범하며 교육에 참가하는 모습을 보인다는 것 등이 나온다.

2015년 우리나라의 A사가 폐수처리장 용접 작업 도중 불티가 잔류 가스에 튀면서 폭발이 일어나는 사고를 일으켰다. 이로 인해 사망사고가 발생했다는 뉴스를 본 저자는 과거에 이 회사에서 어떤 활동이 있었는지 궁금했다. 뉴스를 검색해보니 이 회사는 2013년에 기술안전보건팀 조직을 CEO 직속 부서로 편입했다. 2014년 4월에는 해당 조직을 '팀'에서 '실'로 승격함과 동시에 현장 안전 관리 강화를 위해 경력이 20년 이상인 고참 사원을 선발하는 등 조직적 측면에서 많은 발전을 보였다. 그러나 2015년 사고 당시를 가장 잘 아는 안전 담당 관계자는 이렇게 말했다.

"아침에 현장 주변의 인화성 가스 농도를 측정하고, 작업자의 장비 등을 확인한 뒤 8시 10분경 안전허가서를 발행했습니다. 실제로 작업을 해야 할 밀폐된 집수조 내부의 가스 상태는 측정하지 않습니다. … 해당 공사가 공장 라인에서 발생한 것이 아니기 때문에 안전관리자가 상시 배치되진 않았습니다."

최근 '유니버셜 디자인(Universal Design)' 혹은 '유니버셜 세이프티(Universal Safety)'라는 인간공학적 설계에 대한 관심도가 증가하고 있다. '인간공학'은 유럽의 산업 현장에서 나온 말로, 원래는 그리스어로 일(work)을 뜻하는 '어고(Ergo)'와 법칙(laws)을 뜻하는 '노모스(Nomos)'를 합성해 어고노믹스(Ergonomics)라고 했다. 그런데 이 말이 미국에서 휴먼팩터(Human Factor)로 통용되면서 우리나라에서도 그렇게 사용되고 있다. 휴먼팩터의 정의는 사람이 사용하는 기계 · 제품 · 환경을 설계할 때 사람의 신체적 · 인지적 특성을 배려함으로써 안전성 · 편리성 · 효율성을 높인다는 것이다.

우리 주변에서 흔히 볼 수 있는 사례라면, 제조사가 같은 렌터카인데 주유구 위치가 다른 경우, 샤워실 내 샴푸와 디자인이 같은 컨디셔

너, 손세정제와 비슷한 형태의 펌프형 치약 등이 있다. 개발 당시 개발자는 한 제품에만 집중해 편의성 · 효율성을 고려했을 것이다. 하지만 다른 제품과 배치 시 사용자의 안전성 · 편의성 측면은 고려하지 않았을 것이다. 최근 기업에서는 이러한 트렌드를 반영해 기존의 기업 시각을 반영한 CRM(Customer Relation Management) 전략에서 소비자 시각을 반영한 CEM(Customer Experience Management) 전략으로 변화시키고 있다. 이는 제품 하나만으로 별다른 마케팅 비용을 투입하지 않고도 충성고객을 만드는 경우가 있는 반면, 막대한 마케팅 비용을 투입하고도 BEP(Break-Even Point, 손익분기점)도 맞추지 못한 경우가 많기 때문이다.

안전 분야에서 적용 가능한 설계 단계에서의 활동 사례를 다음 페이지에서 소개하겠다.

사례 1 | 연구개발 직군에 안전시험을 지시한 임원

회사 규모에 따라 안전 담당 스태프를 독립적 임원 · 담당자(공장장) 등으로 선임하는 경우도 있다. 그러나 규모가 작은 회사의 경우 총무 · 노경 등 다른 업무와 겸임시키는 경우도 많다.

생산 직군보다 R&D 직군 인원이 많은 A사업장의 임원 산하에는 노경 · 홍보 · 안전보건팀이 있다. 물론 그 팀의 임원은 안전업무를 해본 경험이 없었다. 그래서 업무보고 시 현장 · 생산 부문 인원은 안전에 대한 마인드를 어느 정도 갖춘 데 비해 연구개발 직군은 미흡하다는 보고를 받았다.

그래서 안전교육 후 시험제도를 도입하라고 지시했다. 석 · 박사 학위를 취득하고 입사한 고학력 연구인력들에게 별도로 안전시험을 보라고 한 것이다. 안전보건 담당 팀장은 어떻게 시작해야 하나 고민했지만, 시간이 어느 정도 지나면 잊혀지겠지 하며 머뭇거렸다고 했다.

그러던 어느 날 임원이 안전보건 담당 팀장을 불러 “도입하라는 시험제도는 어떻게 되고 있느냐?”고 물어봤다. 진척이 미진한 것을 확인한 임원은 직접 진두지휘하기 시작했다. 평상시 다양한 이해관계자와의 커뮤니케이션과 상대의 니즈를 잘 파악했기에 일을 추진하는 데는 별 무리가 없었다고 한다. 설마 하는 마음에 교육에 참석한 연구인력을 대상으로 사전 공지한 대로 시험을 보고, 점수가 합격점보다 아래인 인원에게는 별도로 결과를 알려줬다고 한다. 이 사건은 순식간에 공장과 연구소 전체에 퍼졌으며, 안전에 대한 경각심은 물론 그 중요성을 다시 한 번 고취하는 기회로 적용되었다.

필리핀 속담에 “하려고 하면 방법이 보이고, 하지 않으려고 하면 변명이 보인다”라는 말이 있다. 시험 도입 초기에는 출장으로 안전교육을 연기하는 사람들이 많았다. 그래서 그 임원은 고객 미팅이나 신뢰성 테스트와 같이 자리를 비울 수 없는 중요한 사안에 대해서만 교육 차수를 연기해주되, 추후 편한 시간에 교육에 참가하도록 ‘배려’를 해줌으로써 변명할 수 있는 퇴로까지 차단했다. 2~3년이 지나자 사업장 내 모든 인원, 특히 가치사슬(Value Chain)에서 가장 앞 단에 있는 연구개발 인력들이 화학물질을 취급할 때부터 안전을 깊이 생각하기에 이르렀다.

사례 2 | 고객에게 제품뿐만 아니라 경험도 선물하는 회사

자동차회사 중에 '안전의 대명사'로 불리는 회사가 있다. 창립한 지 90여 년이 지나는 동안 안전을 최고의 핵심 가치로 삼아온 회사다. 그 회사의 CEO가 쓴 칼럼을 인용해보겠다.

> 최근 그룹에서 한국 시장에 높은 건축물을 안전하게 파쇄하는 철거 전용 굴삭기를 론칭했다고 한다. 여러분도 알다시피 굴삭기는 작업 현장에서 위험한 작업을 해야 하는 경우가 아주 많다. 장비를 인도하기 전에 장비 주문자와 함께 미국의 철거 현장을 직접 견학하며 1주일간의 현장 체험과 안전교육을 제공한다고 했다. 이는 건설장비를 생산하는 회사는 물론, 이를 구매해 운용하는 작업자의 각별한 주의도 필요하기 때문이라고 했다.

여러분이 거액을 주고 이런 장비를 구입하려는 구매자라고 해보자. 일반적인 카달로그나 딜러가 직접 설명하는 장비를 구입하겠는가, 아니면 위에서 언급한 회사와 같이 고객에게 안전의 중요성과 경험을 선물하는 회사의 제품을 구매하겠는가? 고객이 제품을 선택 · 구매하는 과정에서 제품을 안전하게 인도함은 물론, 무형의 활용 경험(User experience)도 사전에 제공함으로써 고객과의 신뢰를 더 많이 쌓게 해주는 회사가 아니겠는가! 또한 장비를 구매한 고객이 실제 운용자 덕에 직접 보고 느끼는 식으로 생생한 경험을 전달받기에 안전에 대해 더 많이 생각하게 될 것이다. 이는 또 하나의 잠재고객을 확보하는 좋은 기회로 이어질 것이다.

위에서 언급한 사례와 같이 제품 · 서비스를 개발 · 디자인할 때 제조자 · 공급자 관점에서 벗어나 사회적 약자를 포함한 모든 사람이 일상에서 쉽게 사용 가능하도록 소비자 · 사용자(User) 관점에서 설계하는 것이 중요하다고 본다. 물론 사용자의 경험 관점(User Experience)에 기반해 풀 프루프(Fool Proof) 개념의 설계를 이룬다면 금상첨화라고 할 수 있겠다.

사용자가 실수하거나 기계 · 장치가 오작동을 일으켜도 위험하지 않도록 처음부터 안전설계를 목표로 해야 한다. 즉, 사람과 위험원의 접촉이 없는 구조를 사전에 목표로 해야 한다. 이렇게 되면 만약 사용자가 무시 · 위반(Violation)하거나 실수 · 건망증(Slip & Lapse) 같은 휴먼에러를 일으켜도 다치는 경우만은 면할 수 있을 것이다.

잘 알려진 휴먼에러 사례로는 다음의 그림과 같은 것들이 있다.

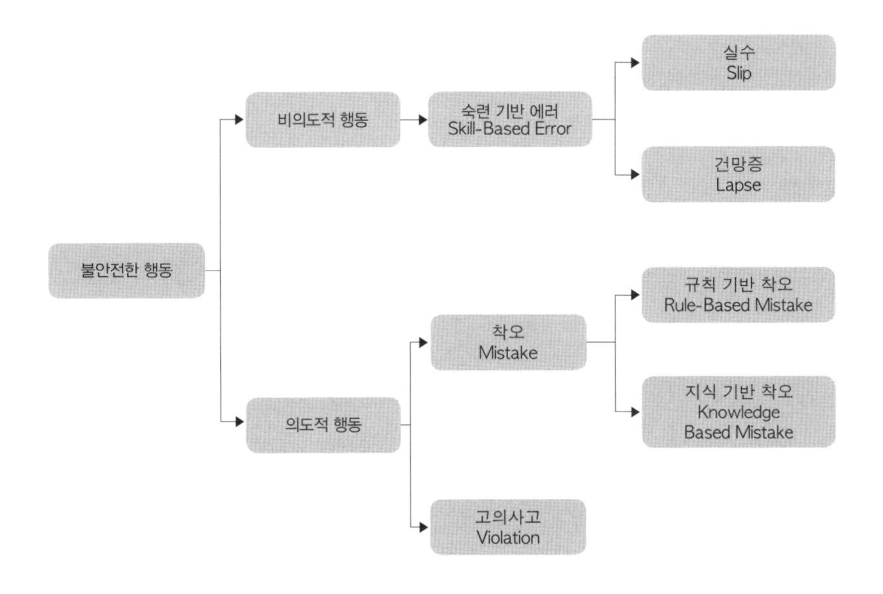

공정 구역 혹은 작업장에서 반드시 착용해야 하는 안전보호구를 착용하지 않은 사람에게 다가가 보호장비를 착용하지 않은 이유를 물어보면 다양한 변명을 듣게 될 것이다. 이를 휴먼에러와 연계시켜보면 다음과 같다. 실수(Slip)는 부주의 등에 의한 오류이기에 단순히 "실수했어요"라고 답한다. 망각(Lapse)은 기억 불능에 따른 것이니 "깜빡했어요"라고 말한다. 착오(Mistake)는 "앗, 전혀 몰랐어요!" 혹은 "앗, 그게 아니었나요?"라고 반문하는 경우도 포함될 것이다. 위반(Violation)은 "급해서 그랬어요"와 같은 상황적 위반과 "평소 다들 이렇게 해요"와 같은 일상적 위반 등으로 설명할 것이다. 안전장치가 오작동하거나 부서지더라도 설비로 인해 사람이 다치는 경우를 방지하거나 설비만 망가지도록 자동으로 정지할 수 있는 페일 세이프(Fail Safe) 기능을 추가하는 것도 이 때문이다.

물론 제품 · 서비스 설계 단계에서 이렇게 상세하게 준비한다면 기존 대비 많은 시간 · 노력 · 비용이 투입될 것이다. 하지만 사람의 생명을 중시하고 재해를 사전에 예방한다는 측면에서 보면 아주 경제적이며 실질적인 투자인 셈이다.

✔ 팩트 체크

1. 제품 · 서비스 기획 혹은 프로젝트(TFT) 초기부터 안전보건 관련 인원이 참여하는지?
2. 연구개발 직군을 위한 특별 안전교육을 실시하는지?
3. 고객에게 전달됐던 제품 · 서비스에 대한 사용 후기 혹은 C&C(Claim & Complaint) 내용을 제품 · 서비스 개발 부서에서도 공유하는지?
4. 사고 분석 시 휴먼에러 분류(Slips, Lapse, Mistake, Violation)를 사용하는지?

6
속도가 아니라 방향
[Key Performance Indicator]

방향이 잘못되면 속도는 의미가 없다. _ 마하트마 간디

통상 11월 말 혹은 12월 초 경영진에 대한 인사가 있은 후 얼마 뒤 부문 · 팀 단위의 조직 개편이 게시된다. 그 뒤 연례행사와 같이 새로이 바뀐 경영진에 할 업무보고를 준비하느라 분주하다. 물론 새로운 보직을 맡으신 분이나 외부에서 영입된 분에게 히스토리까지 보고하는 실무자에 비하면 스트레스가 상대적으로 적은 편이다.

업무보고를 준비하는 각 부문마다 고유한 지표를 가지고 있기 마련이다. 이 장에서는 저자가 직간접적으로 경험한 부문을 살펴보겠다. 예를 들면, 생산 부문은 생산성 향상, 제조원가 개선, 품질 불만 건수 감소 및 품질 실패에 따른 비용 절감 등이다. 구매 부문은 원가 절감, 구매선 다변화, 협력사와의 동반 성장 활동 강화 등이 있다. '숫자가 인격'이라는 영업 부문은 매출과 영업 이익 증대, 시장점유율(마켓쉐어) 확대, 채권 회전일 감소, 신

규 전략거래선 개척 수 등의 지표를 많이 활용하며, 보고를 받는 경영진도 지표나 설정한 목표에 대해 큰 이견 없이 대체로 수용하는 편이다. 그러나 안전 부문은 내부에서 관리하는 지표나 기준이 회사 · 사업장별로 서로 달라 본사에서 집계하기가 어렵다. 하물며 경영진에 보고해야 하는 숫자나 목표는 항상 고민되는 사안이다

여러분의 회사에서 관리하고 있는 안전과 관련된 지표는 무엇인가? 일반적으로는 전년도에 발생된 사건 · 사고 건수를 기준으로 하다가 최근에는 내외부 점검, 진단 시 지적 건수나 범칙금 부과액 등을 목표로 선정해 보고를 준비한다. 그러나 정작 보고를 받는 경영진은 아직 발생하지도 않은 일에 대해 너무 부정적인 것은 아니냐고, 혹은 설정된 목표가 너무 낮다고 챌린지하면서 안전의 목표는 "무조건 제로(Zero)"라 하시는 분이 대부분이다.

물론 많지는 않지만 어떤 최고경영자는 새로운 관리 목표 선정에 대한 합리성과 상세 방향까지 직접 언급하기도 한다. 예를 들면, 보건과 관련된 지표인 흡연율과 체력 증진 프로그램 건수를 이야기하자 "그것은 가만히 있어도 쉽게 달성할 수 있는 것"이라면서 관련 부서가 매너리즘에 빠져있는 것에 대한 반증이라고 강하게 지적했다. 이에 그분에게 다음과 같은 지표를 제안했다.

예를 들면, 최근 강화되는 화학물질 사용 · 노출에 따른 직업성 질환 예방이나 계획된 안전보건과 관련된 투자가 실제로 집행되는지에 대한 모니터링 지표 개발을 언급했다. 특히 안전과 관련된 투자의 집행율과 관련하여, 사업 손익 계산을 하기가 어려울 경우 개인의 실적(입신양명)을 위해 동료의 안전을 무시한 채 계획된 투자를 다음 해로 미루지는 않는지, 연내 완료해야 하는 투자를 몇 년 단위로 분할하지는 않는지에 대해 '파수꾼' 역

할도 해야 한다는 등 뼈 있는 이야기를 했다.

이 과정에서 경영을 구성하는 다양한 요소 중 안전보건 부문을 일종의 경영요소로 본다는 점과, 조직의 안전보건 수준을 향상하기 위해서는 구성원들의 변화를 이끌어내야 한다는 것을 깨달았다. 아울러 성과에 이르게 하는 과정을 포함하는 지표 개발의 필요성도 알게 됐다. 안전 부문의 KPI(Key Performance Indicator, 핵심 성과 지표)도 관심을 가지고 보게 됐다.

실제로 대부분의 회사에서 관리되는 지표에는 대부분 환경 · 소방 · 보건을 제외한 안전과 관련된 내용만 포함되는 편이다. 세부 항목도 사건 · 사고 건수, 중대 재해 건수, 재해율, 행정명령 건수, 범칙금처럼 결과만 나타내는 후행 지표가 대부분이다.

그러면 다음에 소개하는 사례를 살펴보면서 여러분 회사에서 관리하고 있는 지표와 다른 부분을 찾아 적용해보는 기회를 가져보기를 권장드리는 바이다.

사례 1 | 안전과 관련된 KPI 운용: 후행 지표

A사

1. 사고(Fatality), 100명의 근로자가 주당 40시간 1년(50주) 동안 근무한다는 기준으로 20만 인시당 케이스(Case)를 나타내는 RI(Recordable Injury, 단순상해사고), LSI(경근상해사고)
2. Env. KPI Incident(환경법규 위반), H&S Req. KPI Incident(안전보건 법규 위반)

3. Env. Near Miss(환경아차사고), Total Near Miss(안전과 환경을 포함한 전체 아차사고)
4. 특성 지표: Process safety, Preventable VAFR(예방 가능한 차량 사고)

B사

1. 결과 지표(30%): 재해율(건수) 20%, 환경 · 화재 사고(건수) 10%
2. 선행 지표(70%): CTS 공정 관찰 & KYT 활동 20%, 비상훈련 건수를 포함한 본사 EHS 감사(Audit) 15%, EHS 개선 활동(15%), 부서 EHS 운영 활동(건수) 10%, EHS팀이 자체 생산/간접 부서를 평가할 수 있는 정성 평가 10%

혹시 여러분 회사의 지표와 다른 점을 찾았는가? 위에서 소개된 기업들의 경우 '결과' 지표 항목은 물론 '과정'을 나타내는 선행 지표도 운용하고 있다. A사는 국제적으로 통용되는 지표 운용 및 안전은 물론 환경에 대한 내용까지 포함하고 있다. 또한 비즈니스 특성을 감안한 프로세스 안전과 차량 사고 항목도 볼 수 있다.

B사는 결과 지표는 물론 과정에 대해 평가하는 선행 지표의 비중도 두 배 이상이다. 특히 주목해야 할 내용으로는 EHS팀이 생산(라인)의 EHS 활동을 직접 평가하는 권한과 KYT 활동이다.

KYT 활동이란 위험과 예지(豫知)의 일본어 발음인 '기겐'과 '요치'에서 따온 것으로, 현장의 잠재 위험에 대해 구성원 모두가 마음을 터놓고 논의하며 해결책을 강구하는 회의다. KYT 활동은 대강 4개 라운드로 구성된다.

1라운드는 '현상 파악' 단계로, 어떤 위험이 잠재됐는가를 추출한다.

2라운드는 '본질 추구'로, 추출된 위험 중 가장 중요한 위험 포인트를 결정하는 단계다.

3라운드는 '대책 수립'으로, 참석자 한 사람 한 사람이 대책을 제안하는 것이다.

4라운드는 '목표 설정' 단계로, 분임조 혹은 팀에서 "우리는 어떻게 하겠다"라는 목표를 결정하는 것이다.

통상적으로 우리가 이야기하는 위험성 평가와는 아래의 표와 같은 차이점이 있다. 또한 그 회사의 담당자는 사업이나 제품의 라이프 사이클(Life Cycle, 도입기 ⇒ 성장기 ⇒ 성숙기 ⇒ 쇠퇴기)에 맞춰 선행 지표와 후행 지표의 비중을 유연하게 운영했던 이력 겸 팁도 알려주었다.

위험예지훈련(KYT)	위험성 평가(Risk Assessment)
현상을 어떻게 파악할까? (예상되는 모든 위험요인을 모두 끄집어내는 것이 중요)	
지금부터 하려는 작업에 대한 논의	잠재하는 위험 유해요인을 체계적 · 수치적으로 발견
위험요인 발견(어떠한 위험이 잠재하고 있을까?) 대화로 행동 목표 결정(이러한 상태이기에 이러한 행동을 했을 때 이러한 현상이 발생한다) 지적 확인을 통해 위험을 선취	위험요인 파악(이러한 행동을 했을 때 이러한 위험 상태가 되어 이러한 현상이 발생한다) 리스크 평가 평가 결과에 따른 대책의 우선순위 명확화 리스크 저감 혹은 제거
작업자 레벨(작업절차서)	관리자 레벨(회사에서 제도로 정함)
모두가 참여하여 논의	현상의 가능성과 중대성을 수치로 나타내어 각각의 리스크 레벨 결정
작업자의 행동 측면에서 위험을 회피할 방법	설비 개선 및 작업 방법 개선, 필요한 인원 배치, 교육이나 시스템 등의 관리 제도에 대한 대책 수립
단시간에, 언제든, 어디서든	시간이 걸림, 비용 발생 가능

사례 2 | 안전 KPI를 인사 보상 시스템과 연계

세계적으로 유명한 정유사와 우리나라 기업이 지분을 투자해 설립된 합작투자 회사가 있다. 이 회사에는 한국인 지사장을 포함해 영업 · 기술 지원 업무를 하는 7명이 근무하고 있다. 대부분 우리나라 사무실에서 근무하거나 해외 출장을 통한 업무를 하기에 이들의 현장은 생산라인이 아니라 고객과 접점이 있는 영업 일선(Frontline)이다.

이 회사가 관리하는 선행 지표로는 직원들 모두가 사전 위험요소 식별을 위해 BBSO(Behavior Based Safety Observation)라는 활동을 하는 걸 들 수 있다. 생산 현장도 아닌데 무슨 위험요소가 있을까 싶었지만, 그래도 있었다.

"어느 회사를 방문해보니 다른 회사에 비해 회전문이 빨리 움직이니 조심해라", "화장실 청소 후 바닥이 완전하게 마르지 않아 미끄러질 뻔했다" 등 생활안전과 관련된 내용도 많았다. 운영 초기에는 반발도 있었으나 현재에는 분기당 개인별 3개씩 제안하는 것을 목표로 관리하고 있다. 또한 형식적인 것이 되지 않게 하기 위해 분기 말에 임박하여 제출된 제안 내용은 건수로 인정하지 않는다고 했다.

아울러 선행 지표 활동과 인센티브를 연계한 강력한 프로그램도 시행하고 있다. 예를 들면, 최고경영자는 응급처치(First Aid)를 해야 할 사고가 발생되면 글로벌 CEO에게 보고되는 것은 물론 연말 개인 보너스에서 20%가 감소되므로 누구보다도 더 적극적으로 안전을 챙긴다고 한다.

물론 '안전'하면 떠오르는 회사인 듀폰은 경영진으로 선임되기 위해서는 반드시 안전 부서를 거쳐야 한다는 인사 원칙을 가지고 있다. 또 다른 회사는 최고경영진을 포함해 임원 MBO(Management By Objective, 업무 목표 합의서)에 다른 관리 지표와 동등하게 안전과 관련된 항목을 10% 비중으로 관리하고 있다. 아울러 추후 임원 승진과 관련하여 이를 참고하는 회사도 늘어나는 추세다.

이러한 회사들은 결과(후행) 지표는 물론 국제적으로 통용되는 선행 지표도 관리하고 있다. 또한 성과에 대한 보상 및 승진 등 인사 시스템과도 연계시켜 유무형의 성과 창출에 도움을 주고 있다고 한다. 그리하여 그 회사 고유의 안전문화 구축을 위한 시스템으로 정착시켰다고 한다. 이를 정리하면 90페이지의 표와 같이 요약될 수 있으리라.

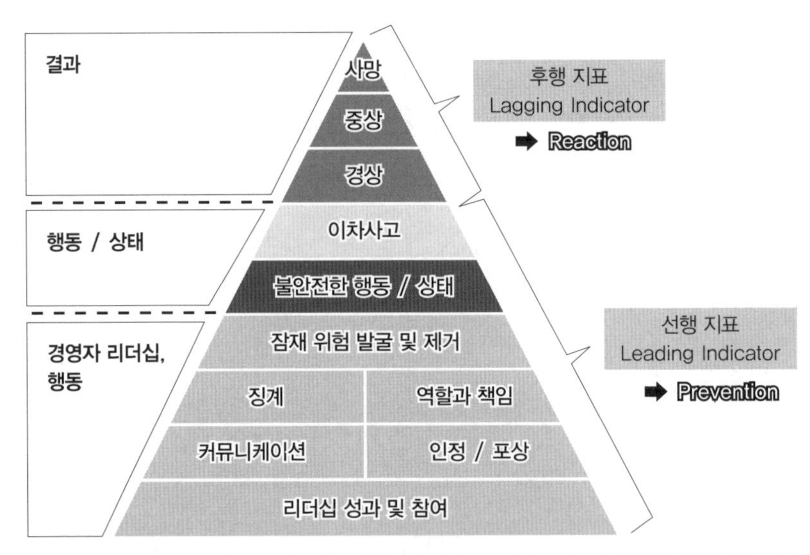

선도 지표 : 점검 및 감사 활동, 교육훈련, 조직원들과의 커뮤니케이션, 안전환경위원회 진행, 위험 분석 활동, 위험 리포팅 지표(제안, 아차사고 보고, 현장의 위험요소 보고 등), 계획 대비 실천 현황 지표 등

결과 지표 : 사고율, 법규 위반 사항 혹은 주변으로부터의 민원 사항 등

✔ 팩트 체크

1. 현재 여러분 회사의 안전보건 관리 지표 현황 파악
   - 결과 지표(후행 지표)의 종류
   - 국제적으로 통용되는 결과 지표인지?
   - 안전은 기본이며, 환경 · 보건 · 소방 관련 지표도 포함하는지?
   - 사외 안전(교통사고 포함)도 포함하는지?
2. 재해 예방을 위한 선행 지표 항목을 포함하는지?
   - 안전교육 참석률, 비상대피훈련 참석률, 안전 회의 실시 횟수 및 참석률 등
3. 지표 산정 인원에 이해관계자가 포함되는지?
   - 협력사, 외부 방문객 등
4. 경영진(임원)의 MBO에 EHS 관련 항목이 포함되는지와 그 비중은?
   - 생산(P). 품질(Q), 원가 절감(C) 항목 대비 EHS 항목
5. 회사의 중장기 EHS 전략은? (참고로 무재해는 장기적 목표로 간주됨)

7
고수(高手)는 최악의 상황을 가정하고, 하수(下手)는 최선의 상황만 상상한다
[Worst Case]

居安思危(거안사위) 편안함에 거하면서 위태로움을 생각하고,
思則有備(사즉유비) 그렇게 위태로움을 생각한 즉 위험에 대비하게 될 것이며,
有備無患(유비무환) 대비를 잘 함으로써 재난을 면할 수 있다.

_《춘추좌씨전》

하인리히 법칙이나 버드 법칙에 의하면 불안전한 행동이나 상태에 의해 소규모 사건(incident)이 발생되고, 그 빈도가 높아지면 언젠가는 사망 등 대형 사고(accident)로 이른다는 것을 알 수 있었다. 반대로 생각하면 사전에 포착된 징후를 잘 관리하면 사후에 발생될 사고로 인한 손실을 줄이거나 예방이 가능하다고 할 수 있다. 그래서 우리는 현장에서 일어날 수 있는 모든 경우를 감안한 사례에 대해 생각할 때, 발생 가능한 최악의 상황

까지 가정하고 준비해야 한다.

어느 회사의 과거 사고 사례를 리뷰했더니, 그 회사도 다른 회사들과 마찬가지로 비상계획 매뉴얼을 잘 작성해두었다. 그러나 실제 상황 발생 시에는 매뉴얼에 써진 내용대로 가동되지 않았다. CCTV를 봤더니 그동안 교육훈련을 어떻게 했는지 짐작할 수 있었다. 예를 들면, 서류상으로는 각 부서별로 역할 분장을 했으나 연말 정기 인사(혹은 수시 인사)에 따라 제때에 업데이트되지 않았다. 또한 상황(Phase)별 시나리오에 따른 상세 대응계획이 구체적으로 마련되지도 않았다. 즉, 내부끼리는 실제와 비슷한 도상훈련을 했겠지만 소방서나 유관 관공서 등 외부가 참여한 훈련을 실제로 해보지는 않았던 것이다. 그래서 내부 인력과 외부가 커뮤니케이션을 원활하게 할 수 없었던 것이다.

사건 · 사고의 경중에 따라 보고해야 하는 시점과 보고 라인이 정해져있다. 특히 중대 사고에 대해서는 정해진 시간 내에 반드시 보고해야 하는 '신속한 사건 보고(Rapid Incident Report)'라는 규정도 있다. 또한 사내는 물론 사외의 다양한 이해관계자의 요구 수준에 바로 대응할 수 있도록 사전에 해당 상황에 맞는 탬플릿(Template)을 작성해두기까지 한다. 이렇게 하면 기자들에게 짧게 브리핑한 뒤 자세한 내용은 추후에 전달하는 등 미디어에 대한 대처도 원만하게 할 수 있다. 즉, 이러한 미디어 코칭 교육도 정기적으로 실시하는 회사도 있다.

사례 1 | 혹시 귀하의 자녀분들은 일본이나 멕시코로 여행가지 않나요?

교육 과정을 운영하면서 참가자의 니즈를 분석하고 그에 적합한 강사를 선정할 때마다 항상 고민한다. 일상 업무는 물론 불시 점검이나 진단 대응 때문에 바쁜 HSE 담당 인원들에게 어떻게 하면 스스로 안전 리더십을 발휘하게 할 것인가? 고민 끝에 사기업에서 실무 경력을 쌓은 뒤 외부 컨설팅 활동을 하면서 지자체의 개방형 공무원으로 근무하는 분을 강사로 모셨을 때 들었던 내용을 공유하겠다.

최근 미디어를 통해 지진이나 재난 시 대피 요령에 대해 자주 접하곤 한다. 과거에는 일본이나 칠레, 중국, 인도네시아 등에서만 발생되는 일로 여겼던 지진을 최근 우리 주위에서도 종종 볼 수 있다. 그런데 우리나라의 지진에 대한 기록은 언제부터 시작되었을까? 첫 기록은 〈황조가〉로 유명한 고구려 유리왕 21년인 서기 2년 8월이다. 그리고 이듬해인 서기 3년에 도읍을 졸본에서 국내성으로 옮겼다. 한반도 역사상 최대 지진 피해는 신라 혜공왕 15년인 서기 779년에 경주에서 일어난 지진이다. "집들이 무너져 100여 명이 사망했다"고 한다.

2018년 8월 일본에 있는 안전 우수기업 벤치마킹 시 지진방재 체험관을 방문했다. 때마침 방학 기간이라 초등학생으로 보이는 학생 4명이 체험을 하려고 줄을 서있었다. 담당자에게 물어보니 초등학교 4학년 이상부터 체험 가능하며, 특히 자기 나라에서는 지진을 경험해보지 못한 산업연수생 등 외국인들이 많이 온다고 했다. 그렇다면 우리 사업장은 얼마나 실제적으로 준비하고 있는가?

앞서 언급한 공무원으로 근무하는 그 강사분의 지자체는 타 지역 대비 인구도 아주 많고, 넓은 지역을 관장한다. 그래서 지자체 주민들의 생존을 보장하기 위한 재난 관련 예산도 당연히 많이 책정한다. 그러나 막상 예산심의 위원들에게 예산 집행의 당위성을 설명하고 의사결정을 받는 게 가장 힘들고 어렵다고 한다. 현업에서도 연초에 수립한 안전보건 관련 예산에 대한 투자를 집행하는 데 경영진의 의사결정을 받는 것이 그리 쉽지 않듯이 말이다. 혹시 여러분이라면 어떻게 설득할 것인가? 그 강사분은 이렇게 말을 이었다.

"행정업무로 바쁘신 위원님들은 지진이 자주 발생한다는 일본에 여행이나 연수를 가시지 않을 것입니다. 그러나 만약 여러분의 자녀분 중에 일본 혹은 유럽 등 여행지에서 불의의 재난 등 위험을 당한 경우가 있다면 어떻게 하겠습니까?"

그랬더니 예산 관련 승인을 쉽게 받았다고 했다. 그 예산으로 필요한 비상물품을 충분히 구입해 저장한다. 물론 한 곳에만 저장하는 게 아니라 재난 관련 영화에서와 같이 도로 · 항만 등 인프라 시설이 마비되는 최악의 상황을 감안해 이송 · 접근이 용이한 몇 개 거점을 선정하고 비상적재소를 만들어 며칠 분량의 물품을 보관한다는 계획까지 세웠다고 얘기해주었다. 물론 구입된 물품이 실제로 사용되지 않기를 바라는 간절한 마음까지 느낄 수 있었다.

혹시 여러분의 사업장은 최악의 상황에 대비하기 위해 무엇을, 어떻게 준비하는가?

사례 2 | 2014년 4월 어느 날 TV를 보면서

지금도 미스터리한 세월호의 7시간. 사고 당일 실제로 배 안에 있었던 사람들은 "안전을 위해 배 안에서 기다려달라"는 지휘통제실의 방송을 듣고 하염없이 기다렸다고 한다. 회사라는 조직도 그런 긴박한 상황에서 상황을 올바르게 파악하고 의사결정을 내릴 수 있을까? 사전 준비나 경험이 없다면 쉽지 않으리라. 오죽하면 "진정한 리더는 위기에서 더욱 빛을 발한다"고 하겠는가.

2014년 4월 세월호 사태를 보면서 A사의 최고경영진은 세월호를 본인의 회사라고 가정했을 때 "우리는 과연 준비됐는가?"라고 자문했다고 한다. 동일한 상황을 마주하고도 어떤 사람은 대책에 대해 고민할 것이고, 또 어떤 사람은 원인에 대해 고민할 것이다.

최고경영진의 기준에서 회사에서 발생되는 가장 최악의 상황은 무엇일까? 그것은 창업 당시의 초심을 잃어버리거나 미래에 대한 통찰력 부족으로 비즈니스에 대한 방향성을 상실한 채 고객으로부터 잊혀지는 것이 아닐까 싶다. 즉, 비즈니스의 단절인 것이다.

혹시 BCM에 대해서 들어본 적이 있는지? 여기서는 간략히 소개할 테니 상세 내용은 4장의 '5. 일구이무(一球二無) - 훈련은 실전처럼'을 참조하기를 바란다. BCM(Business Continuity Management)은 기업을 둘러싼 잠재적 위험요인의 영향을 사전에 파악하고 효과적으로 대응하기 위한 복원 능력을 수립하는 방법론이다. '비즈니스 연속성 계획'이라고도 한다. 대표적 사례로 2011년 9.11 테러 사태 당시 미국 금융컨설팅 전문 회사인 모건스탠리가 자주 언급된다. 9.11 사태 당시 WTC 건물에 입주한 다른 회사들과는 달리 모건스탠리에 근무하던 인원 중 대부분은 무사히 대피했다. 그 다음 날에는 모건스탠리의 회장이 직접 기자회견으로 회사가 업무를 정상적으로 진행하고 있다고 발표했다. 이를 통해 다른 투자은행(IB, Investment Bank) 대비 기업의 신뢰도가 상승했음은 물론, 기업 가치 향상에도 많은 도움이 됐다고 한다.

A사도 그룹 내에 이미 EHS팀이 있었으나 세월호 사태 이후 BCM팀을 신설했다. 신설된 BCM팀은 비즈니스 연속성 확보를 위해 매년 2회씩 대피훈련을 실시하고, 그룹 주관 비상대응 경진대회도 추진한다. 그룹 주관 지진 대피훈련은 각사의 전문가로 별도 평가팀을 구성한 후 훈련 전날 해당 사업장으로 이동한다. 당일에 관련 상황을 부여하고, 상황 발생 장소에서 대피 시설(혹은 운동장)까지 실제 이동 시간을 측정하는 등 대응 수준을 평가한 뒤, 그 결과를 피드백한다. 물론 중앙 컨트롤타워인 본사에서도 사업장에 설치된 CCTV로 훈련참여도 및 직원들의 행동을 실시간으로 파악하고 있다.

개별 사업장에서는 안전팀 주관으로 최악의 시나리오를 작성해 훈련에 임한다. 오전에는 생산을 위해 공장을 가동하지만 오후에는 생산을 잠시 중단하고 실제 훈련에 임한다는 것이다. 즉, "'안전'이 다른 어떤 요소보다 우선한다"는 그룹의 안전보건 방침을 실제로 실천하고 있음을 알 수 있었다. 예상 시나리오는 사업장별로 다양하나 공통적으로 태풍 · 폭우 시 대응, 지진 시 대응, 인근 회사에서의 비상사태 발생 시 대응, 밀폐공간에서의 작업 중 환자 발생 시 구조 등을 들 수 있다. 다음은 실제 훈련 사례에 관한 것이다.

최초 ㅇㅇ도장장에서 용접 작업 중 화재가 발생했다. 엎친 데 덮친 격으로 백필터 트러블로 인해 오염물질이 대기로 나가는 상황으로 진전된다. 회사 내 인원들은 평상시 훈련과 같이 비상대책반을 가동한다. 최초에는 소화기나 소화전으로 소화를 시도하나 상황은 쉽게 진압되지 않는다. 설상가상으로 진도 7.0의 지진이 발생해 벽이 무너지고 폭발이 일어난다. 직원들은 공포에 빠졌다. 실제 상황 재현을 위한 '안개 분사기(Fog Machine)'와 만약의 통신 두절에 대비한 위성전화가 긴박한 현장을 보여주면서 실제로 활용되고 있다. 대피 명령에 따라 사태 발생 지역을 긴급히 탈출해 삼삼오오 집결지에 모인 모든 인원에 대해 해당 조직장들은 생사여부를 확인한다. "A생산팀 금일 출근 인원 ×명, 방문객 ×명 포함 총원 ×명 중 외출자 ×명, 행방불명 ×명을 제외한 ××명 대피 완료!" 등의 형태로 보고되며, 중앙상황실로 최종 집계된 인원수가 보고된다.

앞에서도 언급된 바와 같이 해당 사업장 정문에서 출입하는 모든 인원에 대한 출입 현황과 비상사태 발생 시 대피 계획에 대한 사전 교육의 중요성이 재삼 강조되어야 하는 이유이기도 하다. 이렇게 반복되는 훈련으로 A사는 또 다른 교훈을 얻었다고 한다. 소방대가 골든타임 내에 도착하더라도, 소방대는 사건 발생 장소에 대해 해당 근무자만큼은 모른다는 사실이다. 따라서 소방대가 현장에 투입될 때까지 소요되는 시간을 절약하기 위해 해당 장소에 대한 도면을 사전에 준비해야 한다. 무엇보다도 근무자

본인들 스스로가 종합 재난 대응 계획을 잘 수립하고 훈련에 적극 참여해야 한다는 사실을 깨달았다고 한다.

외국계 회사인 B사는 상세 시나리오에 맞춘 세부 사항까지 준비한 교육 훈련을 실시하고 있다. 시나리오는 사업장 내 화재 · 폭발 사고 및 누출 사고와 사업장 외부에서의 제품 운송 사고 등을 당연히 포함했다. 예를 들면, 화재 · 폭발 사고가 일어나서 신고한 결과 외부에서 앰블런스가 출동한다. 그러나 사고 초기 신고 때와 달리 중간에 사태가 악화되어 부상자가 증가됐는데, 현장에는 앰블런스가 3대만 있다면 어떻게 할 것인가? 참고로 앰블런스 탑승 가능 인원은 1명이며, 어렵사리 타더라도 2명을 넘지 못한다. 그에 대비해 환자 이송에 대한 엄격한 기준을 마련해두었다. 또한 해외에서 파견온 외국인들이 북핵 이슈를 접했을 경우 이들을 송환시키는 시기에 대한 내용도 내부적으로 정해두었다.

사고 발생 초기에 어떻게 대처하느냐는 '안전'과 관련하여 무엇보다 중요하다. 따라서 회사의 경영진(회장 · 사장 그리고 사이트의 장)을 대상으로 하는 미디어 코칭 교육을 임원의 업무 목표에 포함시키고, 안전보건팀 임원이나 외부 전문가가 교육훈련을 실시하기도 한다. 이는 사고를 직접 보지 않고 추측해 이야기하거나 하나의 사실에 대해 서로 다른 목소리를 낼 경우 듣는 이가 혼란에 빠질 수 있기 때문이다.

스토리로는 "○○공장에서 질산 누출 및 통신 두절"이라는 상황이 주어지고, 본인의 역할에 맞춰 어떻게 해야 하는지에 대해 역할 연기를 하는 식이다. 교육은 동영상으로 녹화된 역할 연기에 대한 상호 피드백과 전문가의 코칭에 의해 개인별로 수정 · 보완하는 식이다. 처음에는 어색했지만 매년 다른 시나리오로 반복하여 숙달되도록 교육한 결과 상호 코칭이 가능한 수준이 됐다. 무엇보다도 각 사(사업장)의 대책 회의실과 기자 회견장을 사전에 준비해야 함을 깨달았다.

간단한 팁을 설명하면 인터뷰에 응할 때는 먼저 키 메시지(Key Message)를 제시하고, 그것을 뒷받침할 수 있는 팩트(Fact)나 스토리(Story)로 메시지를 보충한다. 또한 듣는 사람에게 중요한 정보로 인식시키기 위해 "가장 중요한 점은", "다양한 걸 말씀드렸지만, 한(세) 가지만 다시 강조드린다면" 같은 멘트와 긍정적인 단어를 사용하는 것이다. 그러면 신뢰를 얻을 수 있다.

그러면 우리 사업(장)에서는 안전보건과 관련해 준비해야 할 시나리오는 무엇이며, 어떻게 준비해야 할까?

관리 포인트

외부적 영향 ↑		
	▲ 차량 운행 사고 ▲ 화학물질 누출(자체 · 협력사) ▲ 화재사고 ▲ 산재사고	▲ 인명 피해 – 기숙사 화재 – 지게차 사고(전도) – 폭발, 화학물질 누출 ▲ 유소견자 관리 ▲ 직업병 관리(개인질환 · 난청)
	▲ 비업무상 사고 (출퇴근, 체육 활동, 회식 등) ▲ 차량 사고(내부) ▲ 협력사 안전사고 ▲ 아차사고(공상) ▲ 건강 검진 관리(작업 공정 · 방법 변경)	▲ 물적 피해 – 화재 – 정전사고 ▲ 작업 환경 – 소음, 진동, 조명, 근로 방식

→ 내부적 영향

기업 경영과 관련된 안전보건 리스크들

위의 예는 '비상대응 시스템 수립' 과목에서 논의된 결과물이다. 물론 하나의 예시일 뿐이니 여러분의 사업장에서 매달 실시되는 안전교육 시간을 활용해 교육 참석자들과 함께 여러분 사업(장)의 리스크 요인과 크기에 대해 생각해보는 시간도 가져보기를 바란다.

이러한 요인들을 바로 위의 '기업 경영과 관련된 안전보건 리스크들' 표와 같이 내부적 · 외부적 영향 정도로 구분해 취합하고, 그에 따른 시나리오와 극복 대책도 사전에 수립해야 할 것이다. 물론 취합된 내용은 최고경영진을 포함해 모든 구성원에게 공유되어야 한다. 특히 연말 · 연초 회사의 정기인사나 수시인사로 최고경영진이나 해당 사업의 임원이 바뀐다면, 안전 부문에서는 해당 사업(장)에 대한 안전보건 리스크 요인과, 그에 따른 본인의 책임과 역할에 대해 사전에 상세히 인지시켜야 한다.

'소 잃고 외양간 고친다'고 했다. 일이 잘못된 후에 다양한 대책을 수립해봤자 소용이 없다는 말이다. 물론 조직 내에서 소를 여러 번 잃었는데(사건 · 사고 발생)도 외양간을 고치는 실제 행동(근본 원인 찾기, 재발 방지 대책 수립 등)조차 하지 않는 조직도 있다.

물론 사전에 아무리 치밀하게 준비해도 실제 상황에서는 잘 작동되지 않는 것이 현실임을 감안한다면 외양간을 어떻게 고칠 것인가보다는, 어떻게 하면 소를 잃지 않을 것인가에 대해 고민하는 것이 낫다. 그래도 최악의 상황을 가정하고 준비하는 유비무환의 정신이 필요하다.

✔ 팩트 체크

1. 여러분이 속한 조직에서의 최악의 시나리오 5가지 (Top 5)는 무엇인가?

2. 불의의 사건 · 사고 발생 시 사안별 보고 주체 및 방법은?

3. 이에 대비한 사전 교육훈련을 실시하는지?

   - (정기 · 불시) 비상대피훈련 실시 주기는 얼마나되며, 후속 조치 (Follow-up)도 이루어지는지?
   - 직책 수행자 대상 미디어 코칭 교육이 실시되는지?

4. 긴급 환자 발생 시 후송 우선순위와 기준이 마련되어있는지?

쉬어가는 코너

가장 안전한 차의 탄생

1926년 7월 스웨덴의 어느 레스토랑에서 스웨덴의 경제학자 아서 가브리엘슨과 당시 스웨덴 최대의 볼베어링회사인 SKF의 엔지니어 구스타프 라슨이 저녁식사를 하고 있었다. 이들은 냅킨의 뒷면에 자동차의 차대를 디자인하면서 미래 계획을 구상하기 시작했다.

가브리엘슨과 라슨이 식당에서 살아있는 가재 요리를 먹으려고 하는데 라슨이 가재를 식탁에서 떨어뜨렸다. 그런데 딱딱한 껍질에 싸여 아무렇지도 않게 돌아다니는 가재를 본 그들은 "못생겨도 가재처럼 튼튼한 차를 만들자"고 다짐했다.

이들은 세계 최초로 SIPS라는 측면 충격 보호장치와 사이드 에어백을 개발했고, 1965년부터는 교통사고 조사반을 만들어 사고 원인을 자체적으로 조사해 사고 차량, 도로나 날씨 상황 등을 분석, 그 결과를 바탕으로 더욱 안전한 차를 만들기 위해 애써왔다.

바닷물에 반년이나 담가둬도 녹이 슬지 않고, 절벽에서 떨어져도 사람은 멀쩡하다고 할 정도로 안전하고 내구성이 뛰어난, 북유럽을 대표하는 세계적인 자동차회사 '볼보'의 이야기다.

안전을 기업 이념의 중심에 둔 이유는 스웨덴의 추운 날씨 때문에 도로 사정이 좋지 않아서였다고 한다.

SOURCE: 2003. 10. Medical Doctor Journal

제3장

해(解)의 안전 관리

진리의 말씀과 그 내용을 알려고 노력하며

희망이란

본래 있다고도 할 수 없고 없다고도 할 수 없다.

그것은 마치 땅 위의 길과 같은 것이다.

본래 땅 위에는 길이 없었다.

한 사람이 먼저 가고

걸어가는 사람이 많아지면

그것이 곧 길이 되는 것이다.

_ 루쉰의 〈고향〉 중에서

1
지피지기 백전백승(知彼知己 百戰百勝)
[Network]

길은 가까운 곳에 있다.
그런데 사람들은 헛되게도 멀리서 찾고 있다.
일은 하면 쉬운 것이다.
시작은 하지 않고 미리 어렵다고 생각하기 때문에
할 수 있는 일도 놓치는 것이다. _ 맹자

삶의 궤적에서 많은 일에 직면하면서 마음먹은 대로 잘 풀리는 경우도 있지만, 때로는 혼자만의 힘으로는 역부족임을 느끼기도 한다. 고대 그리스 철학자 아리스토텔레스는 일찍이 "인간은 사회적 동물이다"라고 말했다. 이는 혼자서는 해결할 수 없는 일을 다른 사람들과 해결함으로써 모두의 삶이 더 행복해질 수 있음을 의미한다. 따라서 더불어 사는 시대에 '관계 형성'은 더욱 중요하다. 관계는 영어로 릴레이션십(Relationship) 혹은 네트워크(Network)이고, 중국어로는 꽌시(關係)라고 한다.

미국 하버드 대학교 의과대학 정신과 교수인 로버드 월딩어는 1938년부터 75년간 '행복'에 대한 추적연구를 실시했다. 즉, 다양한 직업군의 724명의 인생을 추적하면서 매년 그들의 직업과 가정생활, 건강 상태에 관한 설문, 의료 검진 결과, 인터뷰 및 방문조사를 실시한 것이다. 스토리로는 직업, 건강, 결혼 및 가정생활, 사회적 성취, 친구 관계 등 삶의 전반적인 부분이었으며, 뇌 스캔과 같은 주기적 건강 검진 결과도 포함시켰다. '행복'과 '만족감'에 관한 데이터 분석 결과 인생에서 행복을 결정하는 중요한 요소가 '관계'임을 밝혀냈다.

즉, 행복은 부나 명예, 성공보다는 살아가면서 '좋은 관계'를 맺는 데 있다는 것이다. 좋은 관계가 우리의 삶을 건강하고 행복하게 만들기 때문이다. 현재까지 최초 연구에 포함됐던 724명 중 60여 명이 살아있으며, 지금도 이 연구에 참여하고 있다.

사례 1 | 중국에서의 교육 시 공무원 강사 모시기

안전보건교육 과정을 기획하고 운영하면서 이론과 실무를 겸비한 강사를 찾기가 쉽지 않은 일임을 깨달았다. 우리나라도 그러할진대 중국 · 베트남 등 외국에서는 특히 더 어렵다. 더욱이 우리 사업의 현실에 맞는 실질적인 팁을 주는 것은 기본이며, 향후에도 신뢰 관계를 바탕으로 자문을 받거나 지속적인 관계를 유지해야 할 걸 생각한다면 강사 선정이 쉽지 않다.

2015년부터 실시된 중국 지역에서의 교육 관련 인터뷰로 현지인들이 가장 많이 고민하는 문제가 '법률 · 법규'에 관한 것이며, 이에 대해 문의할 곳도 마땅치 않음을 알게 됐다. 특히 중국은 성(省)과 시(市)에 따라 법률 · 법규가 상이하다. 그래서 각 법인이 이를 이해한 뒤 준비해야 할 사항을 찾는 일도 주요 업무 중 하나다.

우리나라에서라면 고용노동부나 공단의 관련 업무 담당자나 퇴직자 중 강의 경험이 많은 분을 모실 수 있다. 그러나 중국에서는 이런 일이 힘들었다. 그래서 출장 때 만난 어느 법인장의 아이디어를 힌트 삼아 DID(들이대)정신으로 실행했다. 즉, 법률 · 법규를 직접 제정하고 어떻게 확산시킬지 고민하는 각 성 · 시의 담당자를 강사로 직접 모시는 것이었다. 조금 무모했지만 "중국에서는 되는 일도 없지만, 안 되는 일도 없다"는 말을 굳게 믿고서 빠르게 결정하고 실행했다.

우리나라에서는 법률 · 법규에 대해 잘 모르는 부분이 있으면 관련 부서나 공무원에게 질의하거나 자문을 듣는다. 그런데 혹시 회사 이름이 알려질까봐 노심초사하는 경우가 많다고 한다. 하물며 한국이 아닌 외국, 특히 2015년 8월 12일 톈진 항 폭발 사태 이후 안전보건이 초미의 관심사로 떠오르는 중국에서는 외국인이 공무원을 만난다는 시도 자체가 모험이었다.

가장 먼저 해당 법인의 안전(환경 · 소방) 담당자에게 연락해서 관련 기관에서 가장 높은 사람과 약속을 잡으라고 이야기한다. 참고로 중국에서 안전은 안전감독국(이하 '안감국'), 환경은 환경보호국(이하 '환보국'), 소방은 소방대대(군대와 연관됨)에서 관장하고 있다. 평상시 중국 정부(당국)와 꽌시가 밀접하게 잘 이루어지는 법인은 크게 개의치 않는다. 하지만 그렇지 못한 법인은 연락하는 것부터가 일종의 시련인 셈이다. 물론 최근 중국 전역에서 부정부패에 대한 대대적인 단속과 함께 외부로부터 접대 받는 행위에 대한 감시의 눈이 많다. 하지만 홀홀 단신 한국에서 출장 와서 관련 공무원을 대낮에 만날 수 있게 된 것은 아주 큰 변화다.

시정부 담당자가 봤을 때 중국인도 아니며 중국에 근무하지도 않는 외국계 기업의 본사에서 출장 온 외국인이 자기네 사업장에 와서 교육을 해달라고 요청하는데 첫 반응이 어땠을까? 대부분은 외국계 기업에서 교육을 해달라고 찾아오는 일은 처음이라며 의아해한다. 그리고 본인이 가야 하는 이유에 대해 묻는다. 내가 생각하는 이유는 간단했다.

우리 그룹은 전 세계로 사업을 확장하고 있으며, 특히 중국은 20여 년 전부터 전략적으로 큰 의미를 지니고 있다. 사업을 지속하기 위해서는 '안전보건'이 무엇보다 중요한데, 현지 법인 사람들로부터 관련 법률 · 법규가 어렵다는 이야기를 많이 들었다. 이에 법인별로 강의를 요청하면 어려울 듯해 권역(예를 들면, 난징의 경우 2시간 이내에 있는 상하이, 타이저우, 항저우, 쑤저우 등)별 교육 과정을 기획 중이라고 말한다. 또한 2015년 톈진 항 폭발 사태 이후 대대적인 진단 · 감독 활동으로 어려움이 많다고 알고 있다. 그러니 교육 때 중점 사항과 관리 사항(Do's & Don't)에 대해 알려주면 내부적으로 잘할 수 있을 것이니 강의를 해달라고 한다.

처음에는 의아해했지만 저자의 대답을 듣고 보니 논리적이며 담백한데다, 중국에 출장 온 외국인이 부탁하는 일이니 심증적으로 도와주겠다는 마음이 동했던 것 같다. 그래서 100% 승낙을 받았다. 또한 참석 규모와 대상, 특히 링다오(법인장 등 임원)의 참석 여부에 대해 넌지시 물어본다. 그러면 최근 중국 정부의 동향과 그동안 실시한 감독 · 진단 결과도 파악하여 준비해오겠다는 등 추가 강의 내용에 대해서 확답 받는다.

교육은 법인장 · 공장장을 포함해 한국에서 동반 진출한 협력사 대표를 포함한 '리더' 그룹과, 현지 안전보건 부문의 담당자가 참석하는 '실무' 그룹으로 나누어 별도로 진행했다. 이후 참가자 피드백을 들어보니 시정부 공무원들의 강의 내용이라 좋았다고 한다. 아울러 고위 공무원이라 만나기가 어려웠는데, 이 강의 덕에 향후 관계를 형성하는 데 많은 도움을 받았다고 했다. 중국 사람들이 자주하는 말인 "세상에서 못할 일은 없다. 단지 못하는 사람이 있을 뿐이다(世上沒有辦不成的事, 只有不會辦事的人)"라는 말이 문득 생각났다.

2년 동안 중국 교육 때문에 만났던 정부기관 사람들은 매우 적극적이었으며 진심을 보였다. 물론 중국은 우리나라와 달리 관할 구역에서 사고가 발생하면 원인을 제공한 회사는 물론 관련 기관(정부)과 감독 기관 모두 공동으로 책임을 진다. 따라서 본인들 입장에서도 이번 교육은 사업장 점검은 물론 재개정된 법률 · 법규에 대한 신속한 전파와 사업장 관리의 팁을 전달할 수 있는 일거양득의 업무이자 상호보완적인 일로 받아들였을 것이다. 금번 교육으로 평상시 정부기관과의 네트워크 형성이 중요하다는 사실을 다시 한 번 깨달았다.

사례 2 | 평상시 이웃과 친하게 지내기

만약 아파트에서 화재가 발생했는데 비상통로를 활용하지 못한다면 어떻게 해야 할까? 혹은 우리 사무실(사업장)과 인접한 회사에서 미상의 화학물질 누출 소식을 미디어를 통해 간접적으로 접했다면 어떻게 해야 할까? 아파트에서 산다면 우리 집에서 가까운 탈출 경로를 확보하지 못할 경우 이웃집과 연결된 통로로 탈출해 구조의 손길을 기다릴 수 있다. 사업장의 경우 평상시 SNS 등을 이용하여 돈독한 관계망을 형성해둔다면 사고 지역에서 직접 연락을 받거나 외부 기관에 근무하는 사람을 통해서 연락을 받을 수 있다.

맹자의 말씀 중에 '득도다조(得道多助)'라는 게 있다. 평소에 주변 사람들로부터 마음을 얻어야 도움을 많이 받을 수 있다는 의미다. 평상시 이웃이나 인접 사업장과 관계를 돈독하게 형성했다면 만약의 상황하에서 그것이 진가를 발휘할 것이다. 네트워크는 곧 관심이기 때문이다.

평상시 마당발로 통하는 안전보건 부서장은 지갑 안쪽에 가족 사진과 함께 인쇄된 비상연락망(회사 및 외부 기관 포함)을 넣고 있다. 물론 휴대폰에도 연락처가 저장됐으나 혹시 휴대폰을 깜빡 놓고 오거나 분실에 대비한 플랜 B(Contingency Plan)인 것이다. 또한 인사발령으로 담당자가 바뀌는 경우 종이(아날로그 방식)에 쓰면 바로바로 업데이트가 가능하고, 비상시 연락해야 할 내 · 외부 인원들을 한눈에 볼 수 있다고 한다.

네트워크의 대상과 깊이는 이해관계자를 어떻게 정의하느냐에 따라 달라질 것이다. 또한 평상시 당신이 얼마나 많은 사람을 아느냐보다는 어려울 때 얼마나 많은 사람이 당신을 찾느냐가 더 중요하다.

안전보건 부문에서 요구되는 역량이나 어려운 업무가 무엇이냐는 질문에 '대관업무'라고 답하는 사람이 많다. 평상시 대관업무만 앞세우다 보니 사업이 어려워지면 안전보건 조직과 총무 부서를 합치는 경우도 많이 봤다. 이는 혈연 · 학연 · 지연 등을 고려하기보다 개인의 전문성이 대두되고 투명한 사회로 변화하는 시대에 역행하는 건 아닌가 싶다.

팩트 체크

1. 해외 법인에 근무할 인원에 대한 파견 전 교육에 안전교육을 포함하는지?
2. 해외 법인이 자체적으로 안전교육을 실시하는지?
3. 글로벌 교육 시 해당 국가의 강사를 활용하는지? (특히 법률 · 법규, 진단 등과 관련된 정부 및 전문 기관)
4. 비상연락망을 주기적으로 업데이트하고 이를 휴대하는지?

2

우문현답:
우리가 갖고 있는 문제는 현장에 답이 있다

[Communication]

어떤 분야에서든 유능해지고 성공하기 위해선 3가지가 필요하다. 타고난 천성과 공부 그리고 부단한 노력이 그것이다

_ 미국 교육가 헨리 워드 비처

우리나라에서 아시안게임이 열린 1986년, 미국에서도 상당히 역사적인 사건이 일어났다. 미국의 우주 정복이라는 큰 꿈을 실은 우주왕복선 챌린저호가 1986년 1월 28일 발사 후 73초만에 폭발해 민간인 여성을 포함한 승무원 7명 전원이 사망한 것이다. 이 사고는 전 세계에 생방송되었다.

혹시 사고의 원인이 무엇인지 기억나는지? 사고 원인은 주 엔진에 붙은 로켓부스터의 이음새를 막는 오링(O-Ring) 2개였다. 유명한 물리학자 리처드 파인만이 진상규명위원회의 위원으로 참석해 실제 실험으로 보여주었다.

그러나 사고의 원인은 조직 내부에도 있었다. 챌린저호의 발사가 거듭 연기됐기 때문에 주무 부서인 NASA의 수뇌부는 엔지니어들이 오링의 문제점을 경고했는데도 이를 무시하고 발사를 강행했다고 한다. 과거 저온에도 문제 없이 로켓 발사가 이루어진 전례가 있고, 엔지니어들이 제기한 오링의 문제를 '수용 가능한 위험'으로 받아들였기 때문이다. 사회학자인 디이앤 본은 챌린저호 폭발 사고의 원인을 구조적 비밀주의(Structual Secrecy) 때문이라고 했다.

기업의 비즈니스 환경 주위에는 다양한 이해관계자(Stakeholders)가 존재한다. 예를 들면, 기업 내부에는 경영진, 가치사슬(Value Chain) 내의 구성원들, 노동조합 등이 있다. 외부에는 유 · 무형의 제품 · 서비스를 제공받는 고객, 이를 조달하는 공급자(Supply Chain), 인근 지역주민, 미디어, 법을 제정하는 기관, 감독 기관 등이 있다. 이렇듯 다양한 내 · 외부 이해관계자들의 요구를 잘 파악하는 역량과 그들과의 커뮤니케이션 역량이 더욱 중요해지고 있다.

커뮤니케이션의 어원은 "공통적으로 나누어 갖다"라는 의미의 '코무스(Commnus)'라는 라틴어다. 즉, 각자의 생각 · 의견 · 감정 등을 교환하여 공통적인 이해관계를 구축한다는 것이다. SONY의 창업자 모리타 아키오 회장은 커뮤니케이션을 "상대의 전파가 몇 번 채널인지 알아내어 끊임없이 같은 전파를 보냄으로써 틀림없이 수신되게 하는 것"이라고 했다. 더구나 이해관계자들은 다양하다. 그러니 누구를 대상으로 하느냐에 따라 그의 요구와 눈높이에 맞는 커뮤니케이션이 필요하다.

통상 우리가 매일 접하는 업무는 현장을 기반으로 논의되어야 한다. 여기서 말하는 '현장'이란 제조의 경우 사업장의 작업장(Workplace), 제품 개발의 경우 연구소, 물류의 경우 운송 스테이션이다. 즉, 업무의 성과가 나타나는 물리적 공간이다. 그러면 영업의 경우 현장은 어디일까? 이와 관련하여 고객 응대 시간(누적 차량 일지, 일명 '차계부')과 영업사원별 실적의 상관관계를 너무도 잘 아는 어느 경영자의 주장이 생각난다. 그 경영자는 오전 10시 이후에도 사무실에 남아있는 영업사원을 직접 챙겼다. 또한 현지 출 · 퇴근도 강조했다.

> 영업사원의 현장은 고객과 가격이 형성되는 곳, 즉 시장이다. B2C(고객과 기업 간 거래)와 B2B(기업 간 거래)에서 만나는 고객이나 대리점이 시장에 포함된다. 따라서 고객이 있는 현장에 가서 "그들의 어려움(니즈)은 무엇인지?", "경쟁사 · 가격 동향 등 시장 흐름이 어떤지?" 등을 물으며 현장과의 커뮤니케이션을 강조한다.

사례 1 | 보고를 마치자 용어에 대해 되묻는 경영진

계열사의 모 팀장이 경영진에 안전보건과 관련된 성과를 보고했다. 준비했던 시나리오에 맞춰 보고를 잘 진행했다. "건강 검진 결과 유소견자(有所見者) 비율이 목표 대비 ×% 증가되어 별도 건강 증진 프로그램을 운용하겠습니다"라는 내용도 이야기했다. 보고를 받은 경영진은 방금 얘기한 '유소견자'가 뭐냐고 다시 물어봤다. 팀장은 본인의 지식과 경험을 총동원해 대답했다. 경영진은 "아~ 아, 다른 분들보다 특히 관심을 더 가지고 봐야 할 사람이 유소견자"라고 했더라면 더 이해가 쉬웠을 거라고 주의를 주었다.

보고를 마치고 사무실로 온 팀장은 안전보건 목표 진척 상황에 대해 몇 번이나 얘기했는데도 경영진이 계속 '유소견자'라는 용어에 대해서만 묻는다며 불평한다. 그러나 요즘은 비즈니스나 기술의 변화가 급격히 이루어지고 기술 관련 신조어가 매일 생겨난다. 그러니 매일 어려운 경영 관련 의사결정에 직면하는 경영진으로서는 '유소견자' 같은 1년에 한두 번 들었을 단어가 무엇인지 일일이 생각하기는 힘들 것이다.

참고로 '유소견자'란 증상이나 상태로 봤을 때 특별한 병세와 관련이 있는 것으로 보이는 의견이 나온 사람이다. 즉, 아직 정밀 진단을 받지 않아서 그러한 병에 걸렸는지 확인되지 않은 사람이기에 환자라고는 할 수는 없다.

[사례 1]과 관련하여 이야기하겠다. 혹시 SCM이라는 용어를 아는가? 만약 여러분이 구매 분야에 있다면 '공급망 관리(Supply Chain Management)'를 가장 먼저 떠올릴 것이다. 안전 분야에 있다면 '사고 연쇄이론'을 설명하는 '스위스치즈 모델(Swiss Cheese Model)'을 생각하리라. 저자가 속한 인적 자원 개발(HRD) 분야에서는 '교육 성과 측정 방법' 중 하나인 '성공 사례 기법(Success Case Method)'을 연상한다. 위에서 언급한 구매 · 안전 · 교육 부문과는 무관한 사람이 여러분이 속한 부문의 회의에 참석한다면 어떨까? 그렇다면 '유소견자'에 대해 물어본 경영진의 마음을 헤아릴 수 있을 것이다.

이렇듯 우리는 대화나 보고 시 "상대방이 이 정도는 당연히 알고 있겠거니" 하는 혼자만의 생각에 빠져 용어에 대한 운영 정의(Operational Definition)를 과감하게 생략하곤 한다. 또한 '그들의 언어(Talk with their Languages)'가 아닌 나만의 언어로 이야기하면서 "상대방이 그것도 모를까?" 하는 경우도 있다. 그래서 역시사지(易地思之)의 마음을 품고서 상대방의 입장에서 보고 상대방의 언어로 말해야 한다. 즉, 보고서에 넣은 용어를 이해하기 쉽게, 예를 들면 '약어'가 아닌 풀 네임(Full Name)으로 적어야 한다. 또한 경영진이 의사결정을 해야 할 사항을 두괄식 형태로 보고한다면 경영진이 이해하는 데 필요한 시간을 절약하는 것은 물론, 우리가 얻고자 하는 결과에 더 빨리 도달할 수 있다.

아래 표는 행정안전부가 2017년에 안전 분야에서 사용되는 어려운 용어를 순화시킨 것이다. 혹시 우리 조직(회사 · 사업장)에도 이렇듯 어려운 용어가 쓰이지는 않는지, 최근 한자에 익숙하지 않은 세대가 어렵게 느껴지는 용어는 무엇인지 확인해보자.

연번	발굴용어	순화용어	연번	발굴용어	순화용어
1	내측	안쪽	22	도교	다리
2	도괴	무너짐	23	교량	다리
3	소손	(타서) 손상됨	24	동화	불빛, 등불
4	적치	쌓아 놈(둠), 보관	25	전면	앞면
5	외함	바깥상자, 겉상자	26	후면	뒷면, 뒤쪽
6	외측	바깥쪽	27	관거	관 · 도량, 관과 도량
7	공지	빈터, 공터	28	구거	도량
8	저류조	(물) 저장시설	29	시건	(자물쇠로) 잠금, 채움
9	활전	거친 날씨, 거친 바다	30	직화	바로 아래
10	동등	동등한 수준, 같은 수준	31	구배	기울기
11	차음	소리 차단	32	소분	작게 나눔
12	시비	거름 주기, 비료 사용	33	정온	평온함
13	세륜	바퀴 닦기	34	서족	쥐, 설치류(쥐 등)

연번	발굴용어	순화용어	연번	발굴용어	순화용어
14	오수	더러운 물	35	제세동기	심장충격기
15	탁도	혼탁도	36	네뷸라이저	(의료용) 분무기
16	외기	외부 공기	37	냉암소	차고 어두운 곳
17	파랑	파도	38	매몰	(파) 묻음
18	고박	묶기, 고정	39	수검	검사 받음
19	계선	벽묶기	40	사멸	(죽어) 없어짐, 사멸(멸균)
20	양묘	닻올림	41	교반	(휘)저어 섞음
21	차륜	(차)바퀴	42	검체	검사 대상물

사례 2 | 엘리베이터에 갇혔던 동료와의 대화

회사 내 사택이나 사무실에서 고층으로 이동하기 위해 엘리베이터를 자주 이용한다. 평상시에는 유지 · 보수 일정에 맞춰 잘 작동된다. 그래서 영화나 뉴스에서 접하는 엘리베이터에 고립된 상황이 다른 세계의 일처럼 느껴진다. 그런데 과정 개발을 위해 임원 인터뷰를 하려고 출장을 갔을 때의 일이다. 안전보건을 담당하던 분이 겪었더라며 말해준 이야기가 있다.

실험용 기자재를 옮기거나 연구원들의 이동을 편하게 해주던 엘리베이터가 갑자기 멈췄다. 엘리베이터 안에 연구원 13명이 갇힌 것이다. 엘리베이터에 적힌 방재실(안전보건팀) 전화번호를 보고 연락했다. 전화를 받은 직원은 "몇 명이세요? 현재 상황은요?"라고만 계속 물었다. 다행히 30분 정도 뒤 엘리베이터 수리전문가가 도착해 상황은 해결됐다. 엘리베이터에 갇혔던 사람들은 안도의 한숨을 쉰 후 방재실의 상황대처에 대해 불평불만을 쏟아냈다.

해당 임원은 안전보건 부문이 업무 전문성을 바탕으로 팩트(Fact) 형태의 사안을 처리하는 데 익숙해져서 그런 것 같다고 했다. 즉, 타인과 공감하고 커뮤니케이션하는 능력이 타 부문에 비해 부족하다는 것이다. 엘리베이터 안에 있는 사람들에게 심리적 안정을 줄 말을 먼저 건넸어야 했다. 그런 다음에 만약의 상황에 대비한 행동 요령을 알려줬어야 한다. 커뮤니케이션 능력을 키우지 않으면 상대방으로부터 업무 지원을 받기가 어렵다는 얘기까지 했다.

현장 방문 시 우리가 나누는 업무적 내용에 대해 이야기하기에 앞서 상대방의 관심사에 직접 호응하며 공감(Sympathy)해주는 활동이 얼마나 이루어지는지 자문해본다. 공감이란 상대방의 감정 · 의견 · 주장 등에 대해 자기도 그렇게 여긴다고 상대방도 느낄 수 있도록 하는 것이다. 그러니 이성적 접근보다 감성적 접근이 선행되어야 한다.

바로 이 2가지 사례와 같이 우리의 모든 문제는 현장에 있다. 그러니 현장과의 공감 · 커뮤니케이션 능력을 지속적으로 높여야 한다. 더불어 커뮤니케이션 대상의 눈높이에 맞춰 그들의 언어를 사용해 대화하려는 노력도 해야 한다. 《최고의 교육》의 저자이자 델라웨어 대학교에서 교육과학을 연구하는 로베르타 콜린코프 교수는 아이가 길러야 할 역량인 6C를 언급했다. 6C는 커뮤니케이션(Communication), 협력(Collaboration), 콘텐츠(Contents), 비판적 사고(Critical thinking), 창조적 혁신(Creative Innovation), 자신감(Confidence)이다. 이 중 가장 첫째 항목은 다름 아닌 커뮤니케이션이다.

가족과 〈특별시민〉이라는 영화를 봤다. 스토리는 서울 시장직 3선에 도전하는 주인공과 그를 몇 년간 보좌한 보좌관, 새로 나타난 상대편 정당의

다크호스, 그리고 자신이 시민들의 사연과 생생한 목소리를 잘 듣고 또한 많이 알고 있다고 생각하는 선거본부장을 포함한 참모진이 유권자들의 표심을 얻기 위해 동분서주하는 것이다.

"소통하지 않으면 고통이 된다"는 대사가 가슴 깊이 와닿았다. 이를 '안전'에 대입해봐도 크게 다르지 않으리라. 현장과 공감하지 못하고 커뮤니케이션이 원활하지 않으면 이 대사처럼 우리가 추구하는 '안전문화'는 뒷전으로 물러나고 고통이 이어질 수 있기 때문이다.

✔ 팩트 체크

1. 보고 · 대화 시 사전에 용어에 대한 운영 정의를 하고 상대방의 눈높이에 맞춰 대화하는지?
2. 사업을 둘러싸고 있는 이해관계자의 범위를 정의하는지?
   - 내부 구성원, 고객, 투자자, NGO 등 단체, 정부 당국, 인근 주민, 미디어 등
3. 쌍방향(상향식 · 하향식) 커뮤니케이션을 하는지?
   - 이해관계자의 요구나 고충(Pain Point)은 무엇인지?
   - 우리 부문(나 포함)의 공감 지수는 얼마인지?
4. 전사 안전위원회 설치 · 운영이 이루어지는지?
   - 내부(하부 조직 및 팀 단위), 외부 (협력사 포함)

3

동상이몽(同床異夢): 공동경비구역(JSA)에서 작업안전 분석하기

[Job Safety Analysis]

가장 큰 잘못은 아무것도 의식하지 않는 것이다.

본다고 보이는 게 아니고, 듣는다고 들리는 게 아니다.

관심을 가진 만큼 알게 되고, 아는 만큼 보이고 들리게 된다.

관심과 호기심은 모든 것의 출발점이다.

_ 영국 철학자 토머스 칼라일

한국 전쟁 이후 남한과 북한으로 나뉜 물리적 공간에서 보이지 않는 긴장이 교차하는 군사분계선. 저자가 바로 그 역사적 현장을 직접 접한 건 1994년이었다. 소위로 임관 후 최동북단에서 소대장으로 근무한 뒤 GP장이 된 저자를 맞이한 건 낮이면 철책 사이로 보이는 북한 병사들의 움직임과 계절마다 변화하는 풍광들과 저녁이면 계속 들려오는 대남방송과 동해 바다의 오징어잡이 배들의 모습이었다. 그런 비무장지대(DMZ)와 마찬가지로 남과 북의 긴장이 강화되는 공간인 판문점의 JSA에서 아무런 이야기 없이 서로를 바라보는 병사들의 애환을 그린 영화가 바로 〈공동경비구역 JSA〉였다. 그런데 안전분야에서 JSA는 해당 작업에 대한 분석으로 잠재된 위험을 제거 · 통제하는 방법인 '작업안전 분석(Job Safety Analysis)'을 의미하기도 한다.

우리나라 사고 조사 자료의 어느 산업단지에서 발생한 3개년 동안의 사고 사망자 분석 결과를 살펴보면 89.5%가 작업 중에 발생했다고 한다(교통사고 5.6%, 이동 중 사고 2.4%, 기타 사고 2.4%). 이렇듯 '작업 중 사고'를 줄이는 것이 첫째 과제다. 물론 관련 작업이 없다면 사고가 발생할 가능성도 당연히 낮아질 것이나, 그런 작업을 완전히 없애기는 현실적으로 어렵다. 즉, 사고의 원인 중 대부분을 차지하는 불안전한 행동 · 상태 먼저 해결해야 하는 것이다.

계획된 기계 · 설비의 수리 · 정비 같은 경우 기존 작업 경험에 기반한 매뉴얼이 구비되어있으며, 해당 작업을 준비하는 데 필요한 시간도 충분히 확보할 수 있다. 그러나 정형화되지 않은 불시 작업을 할 때 임의의 방법으로 작업을 하지는 말아야 한다. 그러므로 작업 전에 발생할 수 있는 모든 활동(Activity)을 나열하고 분석해 잠재된 위험요소를 사전에 제거하거나 최소화하는 것이다. 이를 위한 해결책을 제공하는 위험성 평가 도구(Tool) 중 하나가 JSA인 것이다.

JSA는 '작업안전 분석'이라는 원 뜻대로 작업을 단계적으로 관찰 · 분석해 각 단계에 연루된 위험을 식별하고 제거하거나 줄이기 위해 단계적으로 분석하는 예비 조치다. 모든 작업에는 개선 가능성이 있으며, 그 작업에 대해서는 항상 그 일을 하는 작업자가 가장 많이 알고 있으니, 그 작업자와 함께 현상에 대해 관찰하고 토론함으로써 JSA는 이루어진다.

통상적인 위험성 평가는 일상적인 작업 영역에서 전문가가 주도하여 설비 중심으로 1년에 한 번 정도씩 이루어진다. 하지만 JSA는 비일상적인 작업 영역에 대해 작업자 주도로 작업 전에 실시한다. 이는 과거의 하드웨어 중심 안전 관리 방식에서 소프트웨어 중심을 거쳐 사람(작업) 중심 안전 관리로 트렌드가 변화된 것을 반영하는 것이다. 왜냐하면 산업재해를 분석해본 결과 공정 · 설비가 정상적으로 운영되는 작업 중일 때보다는, 작업을 준비하거나 완료되었을 때 혹은 이상이 발생했거나 작업이 비정상적으로 진행될 때 사고가 발생할 확률이 높으리라 생각되기 때문이다.

특히 표준화되지 않고 경험이 없는 비정상 작업(Emergency)의 경우 인간의 특성상 몸과 마음이 바빠져서 휴먼에러(Human Error)나 불안전한 행동이 증가될 수 있기 때문이다. 그래서 JSA를 활용하는 회사가 많아지고 있다.

JSA 사용에 따른 효과는 숙련된 구성원들과의 커뮤니케이션과 집단지성으로 암묵지화된 지식을 형식지화함으로써 지식의 전이(Transfer of Knowledge)가 일어난다는 점이다. 이를 통해 한동안 표준화되지 않았던 작업에 대한 표준화된 작업 내용이 설정된다. 결국 위험요소가 사전에 제거되면서 사고 가능성이 점차 감소된다. 저자가 1995년 하반기에 입사해 공장 엔지니어로 생활하던 시절, 4개월 정도 했던 현장 교대근무가 생각난다. 조(Shift)별로 각기 다른 운전 방식이나 작업 순서에 대해 노하우와 생각을 공유한 후 표준화시켰다. 이것이 JSA의 선행 작업이었던 것이다.

물론 변화에는 항상 고통이 수반되기 마련이다. 기존에는 JSA를 실시하지 않고 작업하던 부서들이나 협력사 인원들은 기존 방식에 따른 관성에 얽혀있었기에 JSA를 하라고 하니 작업 시작 전 꼼꼼하게 챙겨야 할 사항이 많아져 작업이 늦게 시작된다는 등 반발이 심했다. 그러나 일정 시간이 흐른 후 작업을 관리 · 감독하는 본청 인원들이 본인들도 잘 몰랐던 현장의 위험요소를 찾아내고 사전에 예방 대책을 논의하면서 자연스럽게 JSA를 받아들이게 됐다. 그 결과 사업장에서 일어나던 사건 · 사고가 획기적으로 감소됐다.

이후 JSA는 안전보건공단에서 가장 많은 사고 조사에 참여해 재해 예방 보고서를 가장 많이 작성한 분의 눈에 띄었다. 그리하여 울산 산업단지 내 다른 공장으로도 빠르게 전파됐다. 안전 관련 우수기업인 A사의 경우 작업허가서와는 별도로 JSA 결과가 부착되지 않으면 '안전 작업허가서(Work to Permit)'를 승인해주지 않는다고 한다.

해외에 공장이 있는 A사업부는 지난해 작업 중 일어난 크고 작은 사고로 고민이 많다. 그래서 사고를 줄이는 아이디어를 사업부장이 직접 제안했다. 즉, "안전하지 않으면 하지 않겠다(We will do it safely, or we won't do it)"는 슬로건을 제시한 것이다.

물론 작업을 정말 안 하는 게 아니라 과거 사고 이력과 작업 이력을 분석하는 것에서 출발한다는 것이다. 그러니까 작업감독자는 분석 결과를 보고 감독자가 상대적으로 적은 야간 · 주말 작업보다 감독자가 많은 주간 · 주중에 작업을 실시할 것과, 공장 가동 중에는 가동과 직결되는 꼭 필요한

"안전하지 않으면 하지 않겠다(We will do it safely, or we won't do it)"

작업만 하고, 그 외의 작업은 공장 대정비(Shut-Down) 기간에 취합해서 하라는 것이었다.

우리나라 화학회사와 정부기관에서 근무하다가 다국적 기업으로 옮겨 20년 이상 EHS 분야에서 근무한 분에게서 안전문화 관련 우수사례를 듣는 시간을 마련했다. 강의가 끝날 무렵 "외국계 회사와 우리나라 회사를 경험한 후 가장 큰 차이점은 무엇입니까?"라는 교육생의 질문을 받았다. 그분은 트러블(사고) 발생 시 대처 방법을 예로 들어 설명했다.

우리나라 회사는 트러블 발생 시 모든 사람이 보수용 장비를 들고 현장으로 간다. 하지만 그분이 현재 근무하는 독일계 회사는 필요한 인원만 장비와 함께 정비 매뉴얼을 꼭 챙겨서 출동한다고 했다. 물론 매뉴얼을 챙겨간 사람은 해당 설비에 대해 수십 년간의 유지 · 보수 경험이 있는 전문가다. 그 전문가는 챙겨간 매뉴얼을 한 장씩 펼쳐가며 작업을 한다. 처음에는 답답해 보였으나, 공정 · 설비의 시시각각 변화하는 조건을 사람이 일일이 기억할 수 없다는 것을 감안하니 궁극적으로 안전하고 확실하게 작업하는 셈이었다.

공장이 가동 중인 평상시에는 숙련도의 차이를 알 수 없다. 그러나 불시에 발생되는 트러블에 대한 조치 시나 작업에 참여한 인원에 변화가 있을 때, 그 조직의 노하우와 경험의 깊이를 알 수 있다.

SK이노베이션도 정유공장에서 자주 진행한 작업 사항에 대해 몇 년 동안에 걸쳐 작성한 JSA 내용을 홈페이지로 공유하고 있다. 이는 일본의 노나카 이쿠지로 교수가 주장했던, 개인이 얻은 지식을 시스템적으로 발굴해 기업 내부에 축적 · 공유함으로써 궁극적으로 조직 · 기업 차원에서 지속적인 경쟁 우위를 확보하는 '지식경영' 활동인 셈이다.

✔ 팩트 체크

1. 사업장에서 사용하는 위험성 평가의 종류는?

   공정 및 화학물질 등록 등

2. 위험성 평가에 참여하는 사람은 누구인지?

3. 작업안전 분석을 실시하는지?

4
모든 문제의 시작과 끝은 사람
[4M : Man, Machine, Material, Method]

인간은 사랑받기 위해 태어난 존재다.
그리고 물건이란 사용되어지기 위해 만들어진 것이다.
그런데 지금 이 세상이 혼돈에 빠진 이유는
물건이 사랑을 받고, 사람이 사용되어지기 때문이다.

_ 달라이 라마

안전을 공부하거나 이야기하면서 가장 많이 언급되는 사람이 허버트 하인리히다. 1930~1940년대에 이루어진 하인리히의 연구는 재해 발생 원인을 '불안전한 행동'과 '불안전한 상태'로 구분하는 이론적 토대를 제공하고 있다. 하인리히의 저서인 《산업재해 예방: 과학적 접근(*Industrial Accident Prevention: A Scientific Approach*)》을 통해 행동 위주 안전에 대한 연구 결과를 소개하겠다.

보험사 관리 · 감사국 부국장이던 하인리히는 사고 보상 비용이 청구

된 기록 1만 2천 건과 공장주들이 제출한 상해 · 질병에 대한 기록 6만 3천 건을 검토했다. 각 사례를 원인에 따라 '위험한 행동' 또는 '위험한 상황(물리적 · 기계적)'으로 분류했던 것이다. 공장주들이 제출한 사례 중 25%는 '위험한 상황의 결과'로, 73%는 '위험한 결과'로 분류했다. 이것을 바탕으로 하인리히는 초기에 '위험한 상황 · 행동'으로 분류했던 25%의 사례 중 15%를 '위험한 행동(사람의 잘못)'으로 재분류했다. 따라서 처음에는 '사람의 잘못'으로 기록된 73%에 재분류된 15%가 추가되어 전체 사고의 88%가 "사람의 불안전한 행동에 의해 발생"된다는 결론에 이른 것이다.

이러한 '불안전한 행동'을 감소시키는 문제 해결 방법이 있다. 그중에서 가장 많이 적용되는 것이 4M이다. 4M은 작업자(Man), 기계 · 설비(Machine), 원자재(Material), 작업 방법(Method)을 말한다. 즉, 작업자(Man)는 검사 공정과 같이 특별한 자격인가가 필요한 공정에서의 인력과 관련이 있다. 기계 · 설비(Machine)는 기존의 기계 · 설비가 고장나거나 노후화로 교체 혹은 신규로 대체되는 것과 같은 변경, 생산지의 외주화, 금형 관련 변경(수정 · 수리) 등과 관련이 있다. 원자재(Material)는 원자재 · 재질의 변경, 부품 규격(Spec) 변경, 원자재 공장의 해외 이전이나 신규 공장 증설에 따른 납품업체 변경 등 원 · 부재료와 관련이 있다. 작업 방법(Method)은 수작업을 자동화하거나, 검사 · 출하 시험 방법 변경, 작업자 교대에 따른 제조 라인 변경, 모델 변경(Model Change) 등과 관련이 있다.

4M의 경우 안전과 연계해 생각한다면 제품 안전이 품질을 결정하는 주요 요소 중 하나가 된다. 그래서 게이트(Gate)별 체크 항목이 많으며, 때로는 설비의 정비 · 점검에 관한 품질실명제나 진단실명제까지 도입 · 운용

하는 현장이 많다. '실명제'는 600여 년 전 선조들의 지혜가 지금도 전수되는 것이라고도 볼 수 있다. 조선 왕조의 건립에 따라 1395년 창건된 경복궁에서 그 역사가 시작되었기 때문이다. 건축 당시 후대까지 안전할 건축물을 남기기 위해 공사에 참여한 사람들의 이름을 상량에 넣어 보관했다고 한다. 고대 중국의 진시황제가 중국을 통일할 수 있도록 기반을 만들어준 재상 여불위도 무기를 제작한 기술자들의 이름을 무기에 적어 이상이 있을 경우 책임을 물을 수 있게 했다.

물론 안전에도 품질처럼 4M을 적용시켜야 마땅하다.

아울러 우리가 일하는 회사 · 사업장의 '작업 환경'에 대해서도 깊이 생각해봐야 하리라. 사무실의 조명 등 근무 환경이 생산성에 미치는 효과에 대한 실험도 있듯이, 우리를 둘러싸고 있는 인자에 대한 깊은 고찰도 필요한 것이다. 인간은 하루에 약 4~6만 가지 생각을 하며, 2만 가지 행위를 한다. 그러다가 실수를 2번 정도 발생시킨다. 그러한 실수 중 80%는 발견되어 복구가 되나, 20%는 발견이 안된다.

물론 발견되지 않은 실수 중 25%는 심각한 수준의 실수다. 그러나 미국 속담에 "실수는 인간의 일이며, 용서는 신의 일"이라는 말이 있는 것에서 보듯이 사람이 실수하는 건 필연적이다. 1999년 미국 학술원에서 발표된 자료인 〈실수가 곧 인간(To error is huaman)〉은 실수를 저지르는 주된 원인을 그 사람이 일하는 시스템 · 업무 · 프로세스 등이 잘못 설계됐기 때문이라고 했다. 즉, 스트레스를 받아 심리적으로 불안정한 상황에서 실수가 더 자주 일어난다는 것이다. 따라서 실수한 사람을 찾아내고 비난 · 문책하기에 앞서 무엇이 잘못됐는지, 왜 일어났는지를 파악하기 위해 시스템 · 프로세스에 대한 점검 먼저 해야 할 것이다.

이렇듯 사람의 실수뿐만 아니라 이면에 존재하는 조직과 환경, 회사 · 사업장의 풍토까지 포함시키는 개념인 '휴먼에러' 관점에서 접근해야 한다.

사례 1 | 비즈니스를 해외로 확장 시 체크해야 할 사항

비즈니스 환경 변화에 따라 4M의 중요성이 나날이 증가하고 있다. 어느 외국계 기업은 다른 나라에서 파견 나온 상주 직원의 주요 역할 중 하나로 위탁생산을 하거나 주요 부품을 공급하는 회사의 4M 승인 여부를 포함시켰다. 예를 들면, 매일 보는 설비 · 기계에 투입되는 원료가 어제 것과 동일한 듯해도 세부 조성 · 물성은 다를 수 있기 때문이다. 특히 사업자 간 거래인 B2B를 이용해 사전 입고 단계를 거치면서 각 단계별 품질 보증이 중요해졌다. 그래서 품질 관련 부서의 힘도 막강해졌다. 즉, 정해진 규격을 맞추지 못하면 품질 관련 부서로부터 NG(No Good)를 받게 된다.

생산량 증대 등으로 인해 생산기지를 해외로 이전한다면 특히 기계 · 설비를 꼼꼼하게 살펴야 한다. 예를 들면, 오래됐거나 채산성이 높지 않다는 이유로 단종된 기계 · 설비가 더 필요할 경우 부득불 타 업체에서 구입할 수도 있다. 그럴 때에는 반드시 설비 구매에 대한 이력 관리가 이루어져야 한다.

중국에서는 '삼동시(三同時)'를 철저히 확인해야 한다. '삼동시'란 신규 오염원 신설을 통제하고 예방 위주의 원칙을 실현하려는 중국 환경 관리 당국의 독창적인 법률 · 제도다. 즉, 건설 관련 항목 중 환경 보호 관련 설비는 반드시 주 공정과 동시에 설계 · 시공하며, 물론 동시에 생산에 투입 · 사용해야 한다는 내용이다.

2018년 8월 베트남 출장 시 계열사를 방문할 때였다. 정문에서 'Visitor(방문자)'라는 명찰을 지급 받고 미팅 장소로 가기 위해 엘리베이터를 기다리고 있었다. 1층에서 같이 탄 계열사 직원들의 명찰은 'TEMP'라고 적혀있었다. 'VIP'라는 명찰을 찬 몇 사람들은 2층에서 내렸다. 담당자에게 'VIP'에 대해 물어보니 본격적인 제품 생산에 앞서 고객사가 파견한 사람들인데, 4M 변경 시 승인을 받거나 감사(Audit)를 한다고 했다. 즉, 4M 변경의 중요성을 아는 본사가 직접 직원들을 생산지가 있는 현지에 파견해 관련 사항을 수시로 모니터링하고 현장에서 바로 의사결정을 하는 시스템이 정착된 것이다.

사례 2 | 휴먼에러 예방을 위해 체화된 활동

글로벌 자동차회사인 D 그룹은 1937년 설립되어 전 세계에 임직원 36만 명을 보유하고 연 매출도 한화 280조 원에 달한다. 또한 많은 계열사 · 협력사를 보유하고 있다. 이런 D 그룹이 휴먼에러를 줄이기 위해 실시하는 6가지 활동을 소개하겠다.

우선 안전에 대한 기본적인 분위기 조성을 위해 4개 항목을 반드시 지키게 한다. 그것은 ① 손을 주머니에 넣고 걸어다니는 것 금지, ② 걸을 때 휴대폰 사용 금지, ③ 계단 이용 시 가드 잡기, ④ 횡단보도나 코너 등 위험이 발생하기 쉬운 지역에서는 손가락으로 지적 후 이동할 것과 횡단보도에서 이탈 금지 등이다. 이를 안 지키면 창피함을 느끼게 만든다고 한다. 또한 KYT(위험 예지 활동) 및 현업 중심의 리스크 발굴 활동인 위험성 평가를 지속적으로 실행하고 있다. 특히 작업이 많은 생산 부문의 직원들은 매월 관리자와 안전면담을 실시하는 등 직원 스스로 안전 목표를 세우고 관리하도록 커뮤니케이션을 지속하고 있었다.

생산성 향상을 위해 출근 후 일정 시간(예를 들면 오전 10~11시 등)에는 회의나 외부전화를 금지하고 오롯이 오늘 해야 할 일과 부여된 업무에 집중하는 '업무 집중 시간'과 '안전 전념 시간'을 도입했다. '안전 전념 시간'에는 생산 부서의 관리자는 매일 오후 1~2시에 안전 순찰 활동을 실시하고 발굴된 리스크를 집중적으로 점검 · 개선하는 '클로즈업 관찰' 활동도 병행 추진하고 있다.

"사람은 실수하기 마련이고, 기계 · 설비는 고장나기 마련"이라고 했다. 그러니 공장 · 설비의 디자인 단계부터 4M에 대한 깊은 고민이 필요한 것이다. 특히 매일 변화되는 공정, 원 · 부재료, 설비 등에 대해 고려함으로써 예상되는 휴먼에러를 예방하는 등 다양한 활동이 필요하다.

✔ 팩트 체크

1. 4M 변경에 대한 프로세스를 준수하는지?
2. 휴먼에러 예방을 위한 시스템 · 교육이 있는지?
3. 사고 조사/분석 시 휴먼에러 항목을 포함하여 조사 및 분석하는지?

5

측정하지 못하면 관리할 수 없다

[Quantitative]

숫자는 거짓말을 하지 않는다. _ 게티 이미지 뱅크

〈머니볼〉이라는 영화가 있다. '만년 최하위에 돈도 실력도 없는 오합지졸 구단'이라는 오명을 떼버리고 싶었던 야구단 단장 빌리 빈의 실제 이야기를 소재로 했다. 누적된 데이터로 선수의 재능을 평가하는 세이버메트릭스(Sabermetrics)를 실제 야구에 적용한 이야기가 주목할 만하다.

빌리 빈이 영입한 피터는 경제학을 전공했던 바, 기존의 선수 선발 방식과는 다른 파격적인 저비용 · 고효율을 추구하는 경영 기법을 시도하려고 한다. 물론 대부분의 사람들이 반대하는데도 빈 단장과 피터는 이를 밀어붙인다. 결국 이 야구팀은 4년 연속 포스트 시즌에 진출한다. 〈머니볼〉은 불확실성 · 변동성 · 복잡성 · 모호성(이하 'VUCA')이 상존하는 4차 산업혁명의 시대를 살아가는 우리에게 많은 생각을 하게 한다.

4차 산업혁명은 인공지능(AI, Artificial Intelligence)과 ICBM(사물인터넷을 뜻하

는 IoT[Internet of Things], 클라우드[Cloud], 빅데이터[Big Data], 모바일[Mobile] 등의 약자) 등 소프트웨어 기술에 기반한 초연결(Connected) 사회를 이루는 것이다. 그러다 보니 데이터(Data)의 중요성이 나날이 증가하고 있다. 안전과 관련한 데이터를 가장 많이 접한 사람이라면 아무래도 허버트 하인리히와 프랭크 버드가 아닐까 싶다. 하인리히는 1930~1940년대에 보험사에서 근무할 당시 사고 데이터 약 5만 5천 건을 분석했다. 그리하여 대형 사고 1건에 이르기까지 눈에 띄지 않는 사건 29건, '불안전한 행동 · 상태' 300건이 있었다는 사실을 계량화해 1:29:300이라는 법칙을 만들었다. 버드는 하인리히 법칙을 재해석하여 사고가 날 뻔한 '아차사고'까지 통계에 포함해 1(사망):10(경상):30(물적피해):600(아차사고)법칙을 1976년에 발표했다.

우리는 리더 · 안전 전문가 · 실무 담당자 입장에서 우리의 생활 · 업무에서 재해에 대한 분석이 실제로 어떻게 이루어지는지 되짚어봐야 한다. 하인리히가 연구하던 때와 비교해보면 사고를 유발하는 인자가 더 많이 출현했기 때문이다. 또한 버드가 30여 년 뒤 하인리히 법칙을 재해석했듯이 과거에는 설명할 수 없었던 부분도 있기 때문이다. 우선적으로 해야 할 일은 우리의 데이터가 현재 어떤 형태로 누구에게 있고 어떻게 활용되는지를 파악하는 것이다. 즉, 우리 현장에 맞는 '실제 데이터에 근거한 팩트'를 구성원들과 공유해야 한다.

일단 우리가 관리해야 할 데이터를 구분하고 정성적인 내용을 정량화(계량화)하기 위해 '데이터 정제'를 갖춰야 한다. 또한 데이터가 축적될 수 있도록 시스템화해야 하고, 수집된 데이터를 분석할 수 있는 통계를 포함한 분석 능력도 갖춰야 한다. 실제 사고로 이어지지는 않았지만 '사고가 발생

지식(예: 문서화된 매뉴얼) = 호기심 + 의지

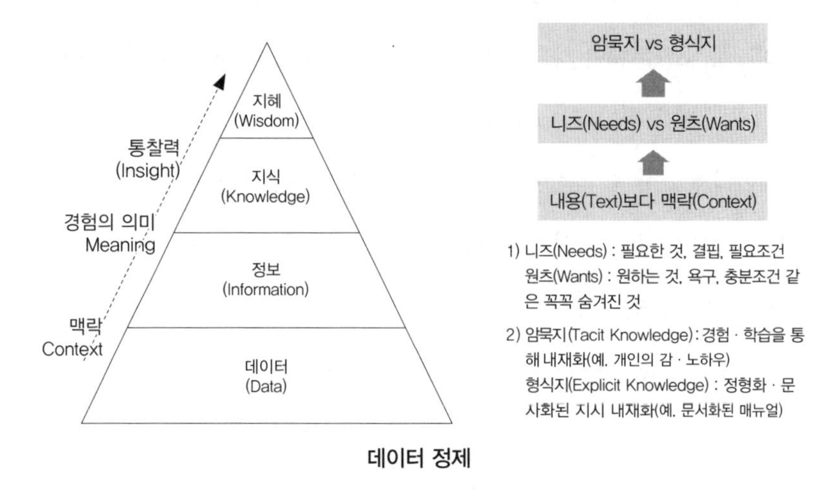

데이터 정제

할' 뻔했던 사건, 즉 아차사고(Near Miss)에 관한 것도 개인의 목표로 부여하고 시스템에 입력해야 한다. 축적된 니어미스 데이터를 분석하고 공유하면서 공정 · 공장 내 위험성 평가(Risk Assessment) 시 그 결과도 반영해야 한다.

위의 '데이터 정제' 표와 같이 우리 주변에서 수집된 데이터의 가공과 분석으로 그 상황과 맥락을 이해함으로써 그 속에 숨은 정보(Information)를 알아내야 한다. 그 정보로 의미와 본질을 찾는 노력을 하다 보면 그것이 지식(Knowledge)이 된다. 지식이 많아지면 통찰력(Insight)과 연계되어 업무에 숙달되면서 경험이 축적된다. 그러한 경험은 살아 숨쉬는 지혜(Wisdom)로 나타난다. 결국 새로운 것을 창조하고 지혜로움을 갖추는 것의 출발은 데이터인 것이다. 다음과 같은 예도 있다.

매년 수해로 고통받던 A라는 마을이 있다. 이 마을의 주민들은 이런 상황을 개선하기로 했다. 우선 강수량 관련 데이터를 분석한 뒤 지형 · 배수 시설 관련 정보에 적용했다. 이로써 수해 대책을 수립하기 위한 지식을 습득했다. 그런 다음에는 이러한 환경에 적합한 생활 노하우라는 지혜를 구했다.

생활에서 가장 많이 접하는 데이터를 활용한 사례도 살펴보자. 2016년 교통사고가 가장 많이 발생한 요일은? 정답은 금요일이다. 그러면 사망자가 가장 많이 발생한 요일은? 이것 역시 금요일이다. 사망사고가 많이 발생한 시간대는 금요일 18~20시였음을 알 수 있었다. 이를 통해 한주의 마지막 금요일 아침 출근 시나 퇴근 시 교통방송에서 '교통사고 예방 관련 운전자 · 보행자의 안전을 위한 캠페인'을 했더니 사고를 더욱 줄일 수 있었다.

입사 후 줄곧 영업 업무만 하다가 능력을 인정받아 사업부장이 된 회사 선배의 이야기가 생각난다. 안전에 대해서는 용어 정도만 들어봤기에 부임하자마자 제일 먼저 공장의 용어와 사업부에서 일어난 사건 · 사고를 분석했다고 한다. 그 덕에 사고 유형을 파악할 수 있었다고 했다.

그때부터는 비 예보가 있는 날 아침 같은 경우 공장장에게 미리 우수로를 점검하게 하고, 교대근무조의 야간 취약 시간 순찰을 강화시켰으며, 주말 작업 시에는 감독을 강화하라는 지시를 직접 하고, 확인 결과도 SNS로 직접 보고받았다고 한다. 또한 작업 · 공정에서 관련 사고가 많아 공장의 당직과는 별도로 사업부 개별 당직 제도를 한시적으로 운영했다고 한다.

처음에는 엔지니어들이 주말 시간까지 빼앗긴다고 투덜거렸지만, 사업부장인 선배가 작업 전에 엔지니어의 관점에서도 챙기자 작업 속도도 빨라지고 안전하게 작업을 마치니 궁극적으로 사업부에 이익이 되면서 인식도 개선되었다고 한다. 물론 엔지니어들에게는 별도 수당도 지급됐다.

선배는 생산전문가는 아니었지만 해당 사업부의 사고 이력을 분석해 많은 정보와 지식을 축적했다. 그래서 본인만의 '안전 관리' 도구(Tool)를 새로 만들 수 있었다. 이렇듯 데이터의 힘은 강하다.

최근 화학물질 관련 법률 · 법규가 강화되고 있다. 그러니 안전뿐만 아니라 보건 관련 데이터도 나날이 중요해질 것이다. 현재의 건강 검진 결과 데이터는 시계열 분석으로 미래의 직업병과의 연관성(인과관계)을 규명할 때 소중한 자료가 될 것이다. 이에 따라 현업의 '보건관리자'로 임명되면 통계적 사고와 데이터 분석 능력을 갖춰야 할 것이며, 개인별 데이터 수집 전략도 수립해야 한다. 이로써 건강 증진은 물론 위험성 평가 시 보건과 관련된 리스크를 정량화하는 사전적 예방 활동에 기여할 수 있으리라.

데이터 분석을 할 때 모든 데이터의 특성을 파악할 수 있는 군집 분석(Cluster Analysis), 변수 간 연관성을 보여주는 상관 분석(Correlation Analysis), 인과관계까지 보여주는 회귀 분석(Regression Analysis)도 경영진의 의사결정을 지원할 때 효과적으로 활용될 것이다.

안전과 관련해서 회자되는 하인리히 법칙 다음으로 자주 인용되는 이론이 사고의 발생 원인에 대한 '불안전한 행동(88%)'과 '불안전한 상태(12%)'에 대한 분류일 것이다.

혹시 여러분 회사의 사례를 활용해 분석한 결과는 어떠한가? 회사의 의사결정권자를 포함한 이해관계자에게 여러분이 하는 일에 대해 설득하려면 정성적인 것을 정량화하고 '점'보다 '패턴(트렌드)'을 예측하려는 노력이 필요하리라. 이참에 여러분 자신이 제2, 제3의 하인리히가 되어보는 건 어떤가?

✔ 팩트 체크

1. 안전보건과 관련된 지표의 종류와 관리 · 저장 상황은 어떤지?
   - 정량화가 필요한지?
   - 취합된 니어미스 · 사고 데이터의 위험성 평가가 얼마나 활용되는지?
2. 자원(인력 · 시간 · 비용) 투입은 이루어지는지?
3. 변화를 위한 개선 계획 수립 및 실행 결과가 점검되는지?
4. 모든 사고에 대해 작업 구역별 및 협력사별 통계가 수집되는지?

6
나는 잘하고 있다. 설마 내가?!
[Awareness]

> '무엇을 아는지를 알며 동시에 무엇을 알지 못하는지를 아는 것'.
> 특히 자신이 아는 것보다 더 많이 알고 있다고 생각하는 오만과
> 행동으로 옮기기에는 너무 적게 알고 있다고 생각하는 불안의
> 균형을 유지하는 것
>
> _ 소크라테스의 〈지혜로운 사람의 태도〉

2017년부터 알고 지낸 타사 임원의 회사가 소개된 〈안전신문〉의 '안전 달인'을 읽으면서 그 회사 일본인 대표이사의 안전에 대한 철학이 궁금해졌다. 2018년 4월 12일 아침 일찍 약속이 잡혔다. 그때 들었던 안전에 대한 철학 이야기는 이러했다.

사람들에게 안전에 대해 이야기하면 대개 잘 안다고 대답한다고 했다. 물론 한국이나 일본의 경우가 아니더라도 조직의 최고경영자나 상사가 묻는데 전혀 모른다고 답하기는 힘든 게 아니겠냐고 했다. 그러나 알고 있다

고 답하는 사람의 60%만 정말로 알고 나머지는 잘 모른다는 것이다. 더욱이 아는 것에 대해 이야기해보라고 하면 60~70% 정도만 정확히 맞는 내용을 말했다고 했다.

물론 안전규정 · 절차를 전부 알 수는 없다. 하지만 정확하지 않은, 즉 잘못 알고 움직이는 30~40% 정도의 사람들이 재해를 당하거나, 심지어 재해의 원인이 될 수 있다. 따라서 외우는 것도 중요하지만 준수사항을 항상 가지고 다니며 매일 읽고 또 읽어 확실하게 익히는 것이 더욱 중요하다고 했다. 단순히 아는 것이 아니라 "하나를 알더라도 제대로 알아야" 한다는 것이다.

일본인 대표이사의 안전에 대한 철학은 그 회사의 2018년 슬로건인 '안전 · 안심 · 신뢰'로 대표된다. '안전'은 산업재해를 일으키지 않겠다는 강한 의지를 나타낸 것이자 모든 사람에게 중요한 항목이다. '안전'을 추구하여 직원들이 '안심'하고 일할 수 있는, 지역주민을 포함한 고객들도 '안심'할 수 있는 기업을 만들자는 것이다. 그렇게 하면 직원의 가족들과 지역주민들에게서 '신뢰'를 받는 회사가 된다는 철학이었다.

이 회사는 이러한 철학을 가지고 있기에 매년 CEO가 직접 안전 방침을 작성해 구성원들과 공유하고 있다.

사례 1 | 어느 품질팀장의 고민

퇴근 무렵, 식사를 하고 귀가할까 고민하다가 1층 엘리베이터 앞에서 오래전부터 알고 지낸 혁신 담당 팀장을 만났다. 그와 함께 뒤에 오던 동료들과의 저녁 자리에 우연찮게 합석했다. 주문한 음식이 나오기 전에 팀장의 고민을 들었다. 최근 사업본부 인원을 대상으로 실시한 품질 설문조사에 관한 사항이었다.

구성원들을 대상으로 설문조사를 한 결과 대부분은 5점 만점에 5점이고, 단지 몇 사람만 4점, 즉 "우리는 잘하고 있다"고 답을 했다고 한다. 그런데 영업 · 마케팅 부서에 접수되는 고객의 C&C(Claim & Complaint) 숫자는 증가되고, 경쟁사 제품의 품질을 분석한 결과를 보면 이쪽이 열세인 항목이 많다는 이야기였다. 그래서 "도대체 무엇이 정답이고 무엇이 문제인지" 고민하고 있다는 것이다.

최초 설문 기획 시 대상을 고려하여 설문조사 문항에 대한 신뢰도 · 타당도를 확보해야 한다는 것을 간과한 듯했다. 또한 내부 구성원뿐만 아니라 고객 · 협력사가 서비스를 포함한 품질에 대해 느끼는 것에 대한 상대적 비교 데이터가 없기에 인식의 차이가 발생한 게 아니냐고 이야기했다.

안전문화를 이루기 위해 외부 컨설팅 기관에서 자문을 받는 기업이 많아지고 있다. 목표를 설정하기 위해 현 수준을 파악하는 것은 긍정적이다. 다만 아쉬운 점은 이 사례처럼 설문 항목이나 대상에 대해 충분한 검토 없이 진행하기에 현재의 상태(As-Is)가 아닌 '바라는 모습(To-Be)'에 응답해 분석 결과를 해석한다는 사실이다.

또한 프로젝트 진행 시 외부 인원에게 전적으로 일임하고 내부 인원을 선정하지 않기에 수평 전개 시 어려움에 빠지는 사례도 많이 봤다. 아무리 외부에 일임하더라도 내부 인원을 선정 · 육성해 그들의 노하우와 경험까지 내부에 축적하려고 해야 한다.

현실에 대한 정확한 인식은 기획 단계에서 시작된다. 이 일이 치밀하지 못하면 결과를 해석하기가 어렵고, 막대한 예산과 시간을 투자하고도 얻는 게 적다는 사실을 유념해야 한다.

사례 2 | 협력사의 생생한 목소리를 청취한 신입 담당자의 고민

비즈니스적으로는 물론 사회적으로도 안전에 대한 관심과 중요도가 증가됨에 따라 자사(원청) 인원에 대한 안전교육도 예전에 비해 실질적 참여형으로 변화되는 것은 매우 긍정적이다.

그러나 실제 사고 위험에 더 많이 노출됐던 협력사 인원에 대한 교육은 어떻게 진행되는지 고민하게 된다. 회사 규모나 최고경영진의 의지에 따라 다르겠지만, 그룹(본부)에서 외부의 전문 기관에 위탁해 실시하는 회사도 있다. 반면 원청 주관으로 비정기적으로 안전교육을 실시하거나 관련 자료를 제공하는 수준에 그치는 곳도 많다.

만약 여러분 회사의 CEO가 협력사의 안전 관리 개선 방안에 대해 묻는다면 여러분은 어떻게 할 것인가? 다음 사례는 안전팀 신입 사원이 협력사 안전교육 업무를 담당하면서 협력사 인원들을 대상으로 직접 연구한 내용이다.

우선 협력사를 2개 그룹으로 분류했다. 하나는 원청에서 판단하기에 안전과 관련된 조직도 갖추고, 실제로 관리도 잘하는 회사다. 다른 하나는 안전과 관련된 언세이프 마일리지(Unsafe Mileage) 점수가 낮아 개선이 필요한 회사다. 각 그룹 내 선정된 회사의 CEO와 안전감독자 그리고 작업자들을 대상으로 설문조사와 인터뷰를 진행했다. 무엇보다도 조사에 참석한 대부분의 사람들은 원청에서 무기명으로 진행하는 것과, 실제 작업에 투입하는 사람들을 대상으로 한다는 것 자체만으로도 진정성을 느낄 수 있었다는 등 긍정적인 반응을 보였다.

주요 응답 내용은 이러하다. 작업 전 항목으로는 작업허가서 승인을 받는 데 시간이 오래 걸리는 것과, 동일 사업장임에도 공장별로 다른 작업허가서 양식, 실제 작업에 투입 전 준비 작업 미흡 등이 언급되었다. 작업 중에는 공정 내 본청 인원의 안전보호구 미착용과 작업감독자의 잦은 부재 등이 다수 지적됐다. 또한 안전관리비로 책정된 비용을 작업 참여 인원들에게 실질적으로 용도에 맞춰 사용하는지에 대해 원청 차원에서 점검이 필요하다는 이야기도 나왔다.

이런 이야기가 나온 이유는 이런 문제가 실제 작업에 투입되는 본인들의 안전과 직결되기 때문이다. 실제로 어느 협력사의 경영자는 안전관리비를 '절감할 수 있는 또 하나의 비용'으로 여긴다고 한다. 3년간 지속된 설문조사로 협력사의 고충과 안전 관리의 현 수준을 파악할 수 있었다. 무엇보다도 값진 수확은 원청의 불합리한 관행을 알게 되어 내부 업무를 개선할 기회를 가졌다는 점이다.

"세 살 버릇 여든까지 간다"고 했다. 스포츠에도 이런 의미로 통용되는 '루틴(Routine)'이라는 말이 있다. 스포츠를 처음 배우는 시기에 나도 모르게 스며든 반복적 행동이 시간이 지난 후에 루틴, 즉 버릇으로 자리를 잡는다는 것이다. 그러니 개인이나 팀 전체에서 긍정적인 루틴이 형성될 수 있도록 '코치' 제도를 운영하는 것이다. 영화 〈킹스맨〉의 명대사 "매너가 사람을 만든다"를 안전에 대입한다면 "개인의 좋은 루틴이 좋은 안전문화를 만든다"인 셈이다.

팩트 체크

1. 삶이라는 여정에서 '안전'은 내게 어떠한 의미인지?
2. 조직에서 육체적 · 정신적으로 안전하게 살기 위해 내가 안전과 관련해 알고 있는 것과 모르고 있는 것에 대해 정의해본다면?
3. 안전한 삶을 위해 내가 실행해야 할 것이 무엇인지?

쉬어가는 코너

내 사무실과 사업장과 자주 가는 마트는 안전할까?

LG 그룹에서 안전진단 업무를 시작할 때 소방 분야 담당자에게서 들은 부끄러운 사례가 있다. 소화기를 점검하러 가보니 소화기 옆에 점검표만 부착됐을 뿐 체크사항이 없었다. 물어보니 "소화기 점검은 안전보건팀에서 하는 게 아닌가요?"라는 황당한 반문을 들었다고 한다. 물론 지금은 사무실이나 사업장에서 특정 시간에 담당자가 직접 확인 · 점검한다.

2015년 한국소비자원은 대형 마트 중 매출액 상위 5개사를 대상으로 소비자에 대한 서비스 만족도를 평가했다. 조사 결과 쇼핑편리성, 매장 환경 · 시설, 고객 접점 직원 만족도 등 3가지 부문에서 A마트가 1위를 차지했다. 반면 상품경쟁력 등을 포함한 종합 만족도는 B마트가 더 높았다. 2018년 1월 수도권 일대의 주요 백화점과 마트 등에 대한 소방안전 실태를 점검했다. 그 결과 우리나라 유통업체가 외국계 유통업체와는 크게 다른 점이 있었다. 화재 등 비상사태 발생 시 고객들이 직관적으로 보고 찾을 수 있도록 나침반 역할을 하는 피난유도등의 상시 점등상태가 심각했던 것이다. 안전 관련 인식 개선이 시급했다.

혹시 우리 사업장/사무실/아파트와 방문하는 빌딩은?

말로만

비상구등 30개 모두 꺼져있고
소화기 중 40%가 제자리에 없으며
빽빽한 진열대가 방화셔터를 방해

규정 준수

매장에서 비상계단까지 1분내 OK
소화기도 꼭 있어야 할 곳에 배치
방화셔터 부근에는 진열대 없음

Source : 매일경제('18.01.11)

물론 고객의 안전을 '말이 아닌 행동'으로 보여주는 마트가 더 많은 수익을 올릴 것이다. 또한 안전 관리 책임자가 따로 있더라도 사업장 · 사무실의 소화기나 소화전을 일정 기간마다 한 번씩이라도 최고경영자 스스로 체크하는 습관도 필요하다.

제4장

행(行)의 안전 관리

아는 것을 실행으로 옮겨라

나는 누군가의 말을 절대 믿지 않는다.
그 사람이 어떤 행동을 하는지 지켜본다.
진리의 길을 걷는 사람이 저지를 수 있는 2가지 실수가 있다.
하나는 끝까지 가지 않는 것이고,
다른 하나는 시작하지 않는 것이다.

_ 고타마 싯다르타

1
1톤의 생각보다 1그램의 실천
[Execution]

당신의 행동이 습관이 되고, 습관이 당신의 가치가 되며,
가치가 당신의 운명이 된다. _ 마하트마 간디

《실행이 답이다》의 저자 이민규 교수는 "실행력이란 결심이 실천을 통하고 궁극적으로 지속 유지되는 일련의 프로세스"라고 주장했다. 즉, 아무리 역량이 뛰어나도 발휘하지 못하면 성과가 나올 수 없을 것이다. 또한 행동하기 전에 생각해둔 무언가를 '결정'하지 않으면 아무 일도 일어나지 않을 것이다.

우리나라와 중국에서 교육하는 기회를 활용해 많은 기업을 방문하면서 안전 우수기업들의 공통점을 몇 가지 발견했다. 예를 들면, 회사 정문에서 방문자를 포함한 모든 사람이 방문자 등록 후 출입 전 안전교육을 실시한다는 것이다. 필요한 경우 시험에서 합격해야 통과할 수 있었다. 또한 사무실에 들어가기 전부터 관련 인원이 직접 동행하는 것, 사업장 내외부가

잘 정리 · 정돈되었다는 점, 계단이 보이면 손잡이를 반드시 잡고 이동하라고 지시한다는 점이었다.

혹자는 이런 사소한 것이 안전문화의 수준을 판단하는 지표가 될 수 있느냐고 의문을 제기할 것이다. 하지만 사소함 이면에는 “작지만 모두가 지키고 실천한다”는 진리가 숨겨져있다. 물론 응대하는 사람도 평상시 손잡이를 잡고 이동하는 것이 습관화됐기에 그 회사를 방문하는 나만 잘하면 되는 것이다. 〈뉴욕타임스〉 기자인 찰스 두히그가 쓴 《습관의 힘》에 소개된 안전의 대명사인 회사 ‘알코아’의 우리나라 사업장이 있는 창원을 방문했다. 참고로 알코아는 세월호 사건 이후인 2014년 5월 전경련회관에서 있었던 ‘전 세계적으로 안전을 잘하고 있는 기업 사례’로 소개된 회사다.

정문에서 HSE 담당자의 안내를 받으며 사무실에 들어가려고 했다. 그때 바닥에서 채 30㎝도 되지 않는 계단 3개를 가리키며 손잡이를 잡고 이동하라고 했다. 물론 현장을 방문하기 전 사무실에서 별도 안전교육을 받은 후 안전용품을 지급받는다. 안전용품에는 안전모뿐만 아니라 조끼가 포함됐다. 조끼의 용도가 무엇인지 상상이 되는가?

맞다. 조끼는 야간에 공장을 방문하거나 점검하러 오는 사람들과 해당 근무자를 구분하기 위한 것이다. 즉, 공장 내 근무자들이 멀리서도 식별 가능하도록 반사판을 부착한 야광조끼로 작업자들이 이동 · 작업 시 더 많은 주의를 기울이게 한다고 했다. 안전문화라는 것이 하루 아침에 만들어지는 것도 아니고, 단편적인 것도 아니라는 사실을 다시 한 번 깨달았다.

문명의 이기(利器)인 스마트폰이 세상에 출현했다. 아날로그에서 디지털

로의 기술 변화와 더불어 인터넷 속도도 빨라졌다. 그에 따라 다양한 컨텐츠 · 서비스를 원하는 사람들에게 스마트폰은 잠시라도 손에서 떨어져서는 안되는 신체기관의 일부처럼 되고 있다. 이에 반해 보행 중이나 차량 운전 시 스마트폰으로 인한 사고도 증가하고 있다.

만약 여러분이 회사 · 사업장의 안전 담당자라면 이것을 어떻게 개선할 것인가? 가장 먼저 떠오를 것은 "보행 시 스마트폰을 보지 마세요"나 "문화시민의 기본, 보행 시 스마트폰 이용 안함" 같은 구호를 붙이는 것 등이 있겠다. 그런데 보행자 입장에서는 어떤 생각이 들까?

저자가 방문했던 회사는 "다른 사람에게 안전의 본보기가 되어주세요"라는 설득력과 호소력을 갖춘 액티브 케어(Active Care) 활동을 하고 있었다. 건강보험심사원(www.hira.or.kr) 자료에 의하면 2010년 목 디스크 환자가 70만 명 수준이었다가 2015년에는 87만 명으로 무려 24.3%나 증가했다고 한다. 이 숫자는 아이러니하게도 스마트폰 보급이 활성화된 시점과도 겹치고 있다.

봄과 가을이 되면 취미와 무관하게 회사 · 가족 단위 야유회 · 동호회 활동, 학생들의 경우 MT 등의 기회를 통해 산을 오를 일이 많아진다. 등산 중에 삐거나 골절을 당하는 사고가 많은 곳이 돌이나 암벽이 많아 발을 딛기 어려운 곳이 아니라고 한다. 그런 길이 끝나고 산을 내려오면서 혹은 평지에 들어서는 곳에서 사고가 많이 발생한다고 한다. '자장가 효과'인 것이다. 즉, 어린아이가 자장가를 들으며 안심하듯이 우리가 홍보하는 다양한 안전사고 예방 대책이 위험을 키우고 있는 것은 아닌지 고민해볼 때다.

사례 1 | 아는 것과 실천하는 것의 차이

최근 백화점 · 마트 등 대형 건물과 종합병원, 여객터미널, 지하도의 상가, 도서관, 대중목욕탕 등과 같이 불특정 다수가 이용하는 다중이용시설에서 화재가 많이 발생하고 있다. 소방서장으로 퇴직하고 현재 소방 분야 전문 강사로 왕성하게 활동하는 분과 나누었던 이야기를 전하겠다.

이 소방서장이 유동인구가 많은 백화점에서 관련 기관들과 함께 합동 소방훈련을 계획했다고 한다. 그러나 훈련일이 다가오자 백화점의 소방관리자가 훈련에 동참하기가 어렵다고 이야기했다. 모레가 훈련일인데 청천벽력과 같은 답변을 들었으니 이유를 물어봤다. 백화점을 총괄하는 본부장이 훈련 시간에 손님이 많다고, 특히 외국인 관광객이 많다고 했더랬다. 그래서 쇼핑에 방해가 되니 안된다는 것이었다.

이 대답을 들은 즉시 훈련 철수 명령을 지시하면서 주요 신문사에 전화해 기자단을 소방서에 초청했다. 왜 갑자기 기자단을 소방서에 불렀을까? 소방훈련으로 인해 매출 이익이 감소될 것을 우려하던 백화점 본부장에게 경고한 것이다. 이 소식을 전해들은 백화점 본부장은 아주 급히 달려와서 본인이 잘 몰랐다면서 기자단을 부르는 걸 취소해달라고 애원했다. 결국 계획된 소방훈련이 제대로 이루어질 수 있었다.

미국 스탠퍼드 대학교 경영학 교수인 제프리 페퍼의 《생각의 속도로 실행하라》에는 '알면서도 실천하지 못함(Knowing-Doing Gap)'이라는 개념이 나온다. 즉, 지식을 가진 것과 그것을 실행하는 것의 차이가 조직이 성과를 올리는 것을 가로막는 커다란 장애물이라는 것이다. 결국, 지속적인 경쟁우위를 확보한 조직으로 거듭나려면 지식을 일관되게 행동으로 옮길 수 있어야 한다는 것이다. 신해행증(信解行證)의 안전여행 중 신, 해, 행의 안전 리더십이 실제로 현장에서 작동하게 하려면 우리 조직의 지식과 실행에 대한 현상을 파악해야 한다.

우리의 최종 목표는 모든 사람이 안전에 대한 지식과 스킬을 제대로 알고, 이를 긍정적인 태도로 지속적으로 실행하도록 만드는 것이다. 지식(Knowing)과 실행(Doing)이 익숙해지도록 '2×2 매트릭스'를 활용해 아래의 "안전 분야에 대한 '알면서도 실천하지 못함(Knowing-Doing Gap)' 적용 사례"처럼 표현할 수 있다.

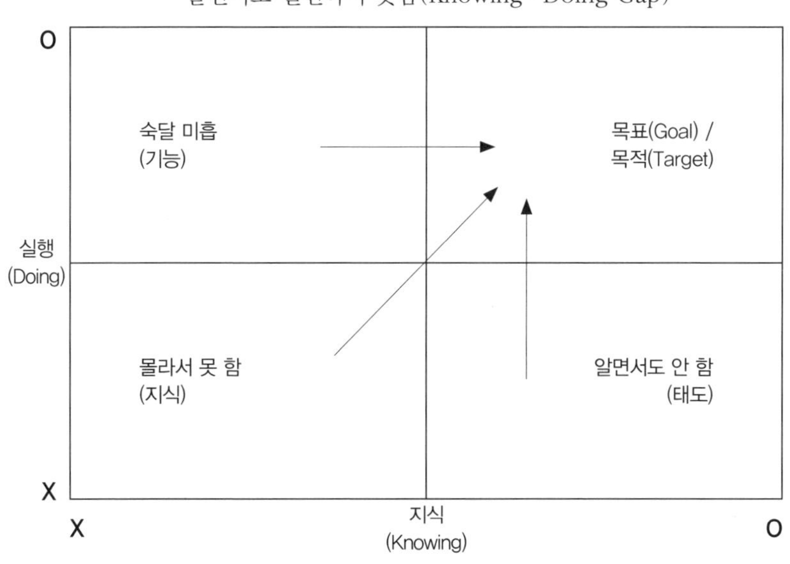

안전 분야에 대한 '알면서도 실천하지 못함(Knowing–Doing Gap)' 적용 사례

대부분의 사람들은 안전에 대한 것을 처음 접하거나 잘 모르기에 실행할 수 없다. 이런 경우가 지식(Knowledge)의 문제다. 이런 사람에게는 관련 내용을 학습할 기회를 지속적으로 제공하면 된다.

안전에 대해 실제로는 제대로 알지 못하면서 행동하는 것이야말로 조직에서 가장 위험한 상황이다. 이는 방법(Skill)의 문제다. 이런 사람에게는 올바른 노하우나 전문 기술을 전달해주어 숙련도를 향상시키는 식으로 방법을 습득하도록 조직적인 지원을 해주어야 한다.

안전에 대해 알지만 실행하지 않는 것은 태도(Attitude)의 문제다. 이를 개선하려면 "왜?"라는 질문에 답을 하게 하는 등 긍정적으로 변할 수 있도록 지속적으로 노력하게 해야 한다.

따라서 안전에 대한 실행의 속도를 높이려면 단순히 지식을 인풋(Input)하기에 앞서 우리 조직의 현 수준에 대한 정확한 현실 인식이 선행되어야 한다. 아울러 위에서 언급한 바와 같이 '지식(Knowledge)-방법(Skill)-태도(Attitude)'로 구분된 상세한 실행 전략도 수립해야 성과를 신속히 올릴 수 있다.

사업장이나 가정에서 전기 · 가스 화재 예방을 위해 개인이 할 수 있는 가장 기본적인 활동이 무엇일까?154페이지의 [사례 1]에서 소개했던 소방서장은 화재를 예방하려면 '뽀끄자' 활동을 습관화하면 된다고 조언했다. '뽀끄자'란 그의 많은 소방 현장 출동 경험을 바탕으로 개발한 아이디어인데, 평상시 가정 · 사무실에서 외출 · 퇴근 시 "전원 · 콘센트를 뽑고, 스위치를 끄고, 가스를 잠그자"를 잊지 않기 위해 조합한 말이라고 했다.

위의 사례에서 봤듯이 소방안전이 중요하다는 건 많은 사람이 알고 있다. 그러나 생활에서 실천하지 않으면 그저 아이디어나 구호에 그칠 것이다. 그러니 우리 주변에서 실천할 수 있는 아이템을 선정하는 것부터 시작해야 한다.

사례 2 | 안전과 관련된 활동에 참여하기 위한 '넛지 사례' 활용

안전 부문에 '넛지(Nudge)' 효과를 적용해보는 것은 어떨까? 넛지란 "팔꿈치로 살짝 찌르다"라는 뜻으로, "어떤 일을 강요하기보다는 스스로 자연스럽게 타인의 행동을 유도하는 부드러운 개입"을 의미한다. 행동경제학자 캐스 R. 선스타인과 리처드 탈러가 공저한 《넛지》로 소개되면서 널리 알려진 개념이다.

우리 생활에서 가장 많이 보이는 넛지의 사례는 남자화장실의 소변기에 있다. 소변기 안에 그려진 까만 파리 스티커가 그것이다. 이는 네덜란드의 도시 암스테르담의 남자화장실에서 "화장실을 깨끗하게 쓰시오"라는 문구를 붙이기보다는 소변기에 파리 모양 스티커를 붙여놓은 것에서 시작됐다. 즉, 파리 모양 스티커에 오줌발을 집중하도록 유도한 것이다. 또한 쓰레기 처리 문제로 고민이 많던 미국 텍사스 주에서는 풋볼팀을 활용해 "텍사스를 더럽히지마!"라는 TV광고를 만들었다. 2013년 독일의 한 회사는 계단 사용률을 66% 증가시키기 위해 사람들의 자유의지를 존중하면서도 초기 설정(Default)을 살짝 바꿈으로써 긍정적인 태도 변화를 이끌어냈다. 아래 그림들도 최근 우리 생활 주변과 산업 현장에서 시도되고 있는 안전 부문의 넛지 사례들이다.

뒷사람을 볼 수 있는 거울(도서관)

승하차 시 혼잡 방지용 라인(전철역)

공장 내 횡단보도 이동 전 좌우 확인(일본)

물건 구매 후 계산대 앞 줄서기(일본 슈퍼마켓)

국제 임상학회 자료에 의하면 신년에 세운 계획의 성공 확률은 8%도 안 된다고 한다. 물론 안전에 대한 리더십을 스스로 실천하고자 이 책을 읽고 있는 여러분은 당연히 8%에 속하리라. 이렇듯 능동적으로 설정한 개인의 계획도 실행률이 낮은데, 위에서 지시하는 것과 같이 수동적으로 주어지는 조직의 목표를 얼마나 절실하게 달성하려고 할 것인가?

하물며 중장기 안전 목표가 모호하거나 소수 인원뿐인 안전 전담 부서만 목표로 인식 · 관리한다면 그 수치는 더 낮을 것이다. 여러분 회사에도 실행력 지수를 직간접적으로 측정하는 곳이 있는가? 그렇다면 조직의 성과는 물론 개인의 경쟁력이 매년 증가되고 있는 회사임에 틀림없다. 안전에 대한 여러분 회사의 실행력은 얼마인지 확인해보기를 권장해드리는 바이다.

사례 3 | 최고경영진이 현장 방문 시 챙기는 '휴대형 임원 체크리스트(Executive Pocket Checklist)'

안전 분야의 대가들을 만나면서 가장 많이 들었던 질문이 "회사 고유의 시스템이 있는지?"와 "이를 측정하는 체크리스트를 보유했는지?"였다. 여기서 말하는 '시스템'이란 외부 인증기관에서 받는 일반적인 안전보건경영 시스템과는 다른 것이다. 물론 기본 뼈대는 사내 구성원은 물론 '안전'에 대한 기본 철학(Policy)과 문서화된 지침(Guide), 작업 기본(Standard) 등을 포함하고 있다. 그러나 기본 뼈대에 그 회사의 비즈니스 환경에 맞춰지고 실제 현장에서 작동시킬 수 있는 업데이트된 세부 내용도 담아야 한다. 그렇게 해야 그 회사의 시스템이 완성되는 것이다.

그러면 안전보건경영 시스템의 운영 주체인 최고경영진의 실행력을 판단하는 근거는 어떻게 찾을 것인가? 3장 파트2의 제목이기도 한 "우문현답: **우**리가 갖고 있는 **문**제는 **현**장에 **답**이 있다"와 같이 경영진의 안전에 대한 관심도 · 중요도를 현장경영 시 활동과 연계시켜 살펴보는 것이다.

통상 최고경영진이 사업장을 방문하면 기획 부서는 목표(손익)에 대한 분석과 예측, 현안 이슈에 대한 어젠다를 준비하느라 바쁘다. 최근 몇 달 전부터 어렵사리 시작했던 안전특강(협력사 간담회 포함)과 현장(방재실 · 폐수처리장 등) 방문도 사업이 어려워지니 최고경영진의 일정에서 빠지는 경우도 봤다. 그 시간에 며칠간 밤샘해서 만든 원가 인수분해(통상적인 경영 분석에 인당 · 원당 기준의 직 · 간접비까지 배분하는 작업) 자료를 들고서 회의실에 모여 원인 분석과 향후 대책을 논의한다. 기존 본사 사무실에서 하던 회의를 '사업장(공장)의 회의실'에서 하는 식으로 진행한 확대 경영 회의지 진짜 '현장경영'은 아닌 것이다. 더욱이 지난달 특강 시 "안전이 우선"이라고 말했다는 사실도 잊어버리고 출장 기간에 현장 사람과 접촉한 시간은 채 몇 십 분도 되지 않는다. 그러한 리더를 보는 구성원들의 마음속에서 '안전'은 잊을 만하면 찾아오는 손님이나 마찬가지다. 평상시 활동이 아니라 또 하나의 일로 간주되는 것이다. 결국 안전이 현장에 정착되는 데 많은 시간이 걸릴 것이다.

서울에 한국 본사가 있는 글로벌 외국계 회사의 안전보건 담당 임원과 최고경영자의 이야기를 들려주고자 한다. 하루는 최고경영자가 비서를 통하지 않고 직접 안전보건 담당 임원에게 전화를 했다. 다음주 ××공장을 방문하는데, 체크리스트가 다 떨어졌으니 좀 챙겨달라는 내용이었다. 이렇듯 최고경영자가 현장 방문 시 직접 체크리스트를 챙긴다는 말에 저자는 귀가 솔깃했다. 최고경영자가 안전보건 담당 임원에게 부탁한 체크리스트란 사업장 방문 시 안전보건과 관련해 최고경영자가 본인이 직접 작성해야 할 휴대형 임원 체크리스트(Executive Pocket Checklist)였다.

혹시 여러분의 회사는 최고경영진이 사업장(현장) 방문 시 안전보건과 관련해 무엇을 챙기거나 휴대하는지? 그렇다면 어떻게 후속 조치(Follow-Up)가 이루어지는지도 확인해보라. 이 외국계 회사의 최고경영자는 체크리스트에 적은 내용을 현장 담당자에게 전하고, 회사에 돌아온 뒤에는 이를 또 안전보건 담당 임원에게도 전달한다. 그야말로 최고경영자가 직접 현장경영을 하는 것이다. 이것이야말로 안전 리더십 활동의 본보기다.

이 휴대형 임원 체크리스트는 영어로 작성됐으며, 구성 항목은 13개인데 다음과 같다.

① Safety Instruction (안전지침)

② Fire/Emergencies (화재/비상시)

③ Electrical (전기 관련)

④ General Lighting (전체 조명)

⑤ Walkways (통로)

⑥ Stairs and Ladders (계단 및 사다리)

⑦ General Housekeeping (전반적 시설 관리)

⑧ Equipment and Tools (장비 및 도구)

⑨ Storage and Chemicals On Site (작업장의 보관소 및 화학물질)

⑩ First Aid (응급처치)

⑪ Building Construction (건물 구조)

⑫ Manual Handling (사용 안내서)

⑬ Transportation Safety (교통안전)

또한 점검 장소와 해당 날짜, 그리고 확인한 사람과 향후 후속 조치(Follow-Up) 대상인 사람의 이름을 적는 란도 별도로 마련되어있는데, 이는 다음과 같다.

① Inspection place(점검 장소):

② Inspection Date(점검 날짜):

③ Inspection By(누가 점검했는가):

④ Follow-Up By(누가 후속 조치를 했는가):

아울러 13개 항목에 대한 실행 여부를 확인할 수 있도록 3~12개 기준이 정리되어있다.

예를 들면, '① Safety Instruction'의 세부 체크 항목은 3개인데, 규정이 잘 보이도록 게시되었는지, 모든 직원이 숙지 · 실행하는지, 방문객이나 신입(New Comer)들에게 공장의 안전지침(Plant Safety Instruction)을 주는지를 체크하는 것으로서, 체크 결과는 간결하게 'Good'과 'Fix It!' 등 2개로 이루어져있다. '⑩ First Aid'의 세부 체크 항목으로는 비상구급박스 · 캐비닛이 사용 가능한지, 직원들이 비상구급박스 · 캐비닛의 위치를 아는지, 재고를 적정하게 보유하고 있는지, 비상구급박스 사용 내역을 기록하는지, 비상시 전화번호를 게시했는지, 적절한 비상 조치가 이루어지는지 같은 실질적인 내용을 아주 상세하게 담고 있다.

최근 더욱 이슈화되고 강조되는 화학물질 관련 내용은 더 실질적이다. 화학물질의 체크 항목(⑨ Chemicals On Site)은 작업장에서 사용되는 모든 화학물질에 대한 물질 안전보건 자료(MSDS, Material Safety Data Sheet)가 제대로 갖춰졌는지, 용기에 라벨이 정확하고 확실하게 붙어있는지, 폐기

조치가 제대로 이루어지는지, 화학물질 저장이 적정하게 이루어지는지, 안전샤워(Safety Shower)와 구급용 세안기(Eye Wash Station)가 제공되는지, 안전샤워나 구급용 세안 장소를 직원들이 숙지하고 있는지, 호흡기(Breathing Air) 장소를 직원들이 숙지하고 있는지, PPE(Personal Protective Equipment, 개인보호장비)에 대한 표지판이 있는지, PPE의 보존 상태는 어떤지 등 생산라인에 직접 들어가지 않으면 확인할 수 없는 내용으로 구성됐다.

즉, 이 글로벌 외국계 회사의 최고경영자는 생산라인(현장)에 들어가기 전에 당연히 적정한 보호구를 착용하고 꼼꼼하게 점검하고 있는 것이다. 이런 모습을 본 임직원들과 협력사 직원들은 최고경영자의 솔선수범과 언행일치를 보며 안전에 대한 자신의 생각과 행동을 되새길 것이다.

만약 우리나라 회사에서 최고경영자가 위와 같은 행동을 한다면 어떻게 바라볼까? 저자가 공장 엔지니어로 근무하던 시절이 생각난다. 공장장이나 본사 경영진이 현장을 방문할 때였다. 며칠 전부터 정리 · 정돈해놓은 계획된 패트롤 코스로 안 가고 본인 마음대로 가서 살펴본 뒤, 5S 상태를 포함해 기본부터가 안됐다고 야단치던 임원이 있었다. 극소수의 사람들은 디테일(Detail)에 강한 분이라고 혀를 내둘렀다. 그러면서도 우리끼리 있을 때는 "×계장! ×대리!"라는 별명으로 부르며 뒷담화를 했다. 이 최고경영자의 모습을 보니 저자의 그런 어두운 역사를 파묻어버리고 싶어졌다.

물론 위에 언급한 사례들이 모든 회사 · 사업장에 해당되지는 않을 것이다. 그러니 여러분 회사에 맞는 체크리스트가 구비되지 않았거나 보완이 필요하다면 이 사례들을 참조하면 좋으리라.

이렇듯 안전 관리의 기본이자 시작은 최고경영진의 강력하고 가시적인 의지(Top-Down)인 것이다. 그러나 정작 실무에서는 안전 관련 스텝이 경영진에 안전 관리에 따른 책임과 역할을 정확히 지속적으로 상기시켜드리고 있을까?

안전 관련 활동이 조직 전체로 확산되어 성과로 나타나려면 구성원 모두의 참여(Bottom-Up)도 동반되어야 한다. 즉, 구성원들로부터 공감대를 이끌어내야 한다. 이런 측면에서 위에 소개한 최고경영진의 현장 방문용 체크리스트는 좋은 팁이 될 수 있으리라.

✔ 팩트 체크

1. 임직원 대상 안전에 대한 일반 소책자가 있는지?
2. CEO(경영진)의 현장 방문 시 체크리스트를 구비 · 지참하는지?
3. 임직원들은 안전과 관련된 활동에 적극적으로 참여하는지?
   - HSE 소위원회, 사고 조사, JSA, 안전감사, 안전점검, 절차서 검토 등
4. 본청의 HSE 지침을 협력사와 공유하는지?
   - 최소 요건(기준)이 기록된 가이드북

2
캐비닛 속에서 잠자고 있는 시스템 구하기
[System]

큰 꿈을 갖는 것은 중요하다.
하지만 꿈이 크다고 해서 하루하루를 살아가기 위해 필요한
작고 사소해 보이는 일을 하지 않아도 된다는 것은 아니다.
어떤 분야에서든 멋진 결과를 거두려면 사소한 노력을 지루할 정도로 반복하는 과정이 필요하다.

_ 일본항공인터내셔널 회장 이나모리 가즈오

벤치마킹 차 방문한 어느 안전 우수기업은 매년 모든 임직원을 대상으로 3가지 공통적인 교육을 실시했다. 첫째는 핵심 가치(Core Value)에 대한 교육이다. 그 회사의 핵심 가치에는 회사 설립에 대한 철학(경영이념)과 회사의 사명 · 비전 달성을 위한 구성원들의 생각 · 행동에 대한 원칙 · 기준이 포함됐기 때문이다. 둘째는 윤리(Ethics)에 대한 교육이다. 회사의 구성원으로서 개인과 회사는 물론 국가에서 만든 규정 · 규범을 지키고 실천

하는 도덕성을 강조하는 것이다. 마지막은 안전(Safety)에 대한 교육이다. 구성원 개개인의 생명을 소중하게 생각하는 생명에 대한 존엄은 물론 인간 존중 경영의 실천을 배우는 것이다.

안전의 경우 듀폰, BASF, 솔베이, 에어프로덕츠 등 자주 회자되는 우수 기업들과 우리나라 기업들의 차이점 중 하나는, 회사가 진출한 해당 국가의 법 · 규정을 넘어서는 수준의 그 회사 고유의 안전 관리 시스템에 있는 표준(Standards)을 보유하고 있다는 것이다. 물론 1톤의 시스템보다 1그램의 실천이 더 중요하지만 말이다.

2017년 말 외부에서 '경영 시스템' 관련 교육에 참여했다. 그때 만난 강사분의 말씀이 아직도 기억에 남아있다. 아이러니하게도 경영자분이 안전보건경영 시스템 인증 심사를 받아두라고 안전팀에 지시하면서 안전팀더러 "진행을 하되 절대로 자발적으로는 하지 말라"고 당부한다고 했다. 너무 의아해해서 물어보니 그분의 당부는 오랫동안 경영 시스템 인증(갱신 포함) 심사를 하면서 만났던 각 회사의 경영진과 현장에 있는 사람들의 이야기에 기반했다고 말했다. 즉, 경영 시스템 인증이 끝나면 경영진은 "이제 얘기했던 시스템을 구축했으니 잘 알아서 해보라"고 한다는 것이다. 또한 현장 실사 때 인터뷰하면서 만났던 분들은 정작 안전경영 시스템에 대해 너무 모르더라는 것이다. 정작 경영 시스템을 운영하고 책임지는 최고 경영진이나 지속적인 개선을 위한 팁을 제공하는 현장에서 시스템의 존재만 알지 세부 활동을 하지 않는 '캐비닛 속의 경영 시스템'을 진행하고 있기 때문이다.

이렇듯 경영진 포함 리더분들에게는 경영 시스템을 새롭게 인증받거나 갱신하면 자신의 역할을 다한 것이니, 그 뒤는 안전 관리 팀장이 잘 알아서 하라는 식이다. 하지만 이렇게 조치해두면 재해가 저절로 감소할 것이라는 기본 가정을 바꾸어야 한다. 현장(Front Line)에서는 인증에 필요한 기본 서류 작업만이 아니라 실제 작업(활동)을 표준화 · 시스템화하려는 지속적인 개선 노력을 수반해야 한다. 그래야 비로소 안전보건경영 시스템과 사업장의 안전이 완성된다. 즉, 회사 구성원 모두의 생각의 변화와 참여를 이끌어내야 하는 것이다. 이를 위해서 안전관리자(담당자)는 소신을 품고 현장의 크고 작은 저항에 맞설 준비를 해야 한다. 그렇지 않으면 외부 기관에서 인증서만 받는 경영 시스템만 남을 뿐이다.

저자가 만났던 안전보건 직군 인원 중 대부분과 다른 부서에 있는 많은 사람이 안전보건 · 환경 · 품질 각각을 완전히 별개로 여기는 편이었다. 과연 정말 그럴까? 안전보건 관련 업무를 오랫동안 경험하거나 외부 전문가들을 만나고 우수기업들을 방문하면서 나름대로 내린 결론이 있다. 안전보건 · 환경 · 품질은 하나의 경영 시스템이기에 세부적으로는 큰 차이가 없다는 것이다.

예를 들면, 경영 시스템상 안전보건(ISO 45001, OHSAS18001), 환경(ISO 14001), 품질(ISO 9001), 비즈니스 연속성(ISO 22301) 등으로 활동 영역은 각자 다를 수 있다. 그러나 시스템을 본다면 방침과 PDCA(계획[Plan] - 실행[Do] - 확인[Check] - 조치[Action]) 사이클로 구성되었다는 공통점을 발견할 수 있다. 특히 안전보건경영 시스템에서 가장 중요한 것은 '위험성 평가'다. 즉, 현장에서 살아 숨 쉬는 시스템을 만들려면 안전관리자(담당자)

혼자가 아닌 현장(라인)과 보건관리자 등 각 분야의 전문가가 참여하는 위험성 평가가 반드시 이루어져야 하는 것이다.

조직적인 측면의 변화에 대해서는 벤치마킹 과정에서 직접 들었다. 초창기에는 안전(Safety), 보건(Health), 환경(Environment)을 각자 영역으로 구분해 업무하다가 SHE로 통합해 진행하고 있다는 것이다. 최근에는 SHE 부문에 품질(Quality)이나 보안(Security)도 추가하여 SHEQ팀 혹은 HSE팀을 구성 · 운용한다는 것이다.

중국에서의 일이다. 중국 역사상 상당히 번영했고 지금도 번영하는 도시인 난징에서 1~2시간 거리에 LG 그룹의 계열사가 많다. 그래서 숙소인 호텔에는 한국인 출장자들이 많아 다른 나라에 왔다는 기분이 별로 들지 않는다. 특히 호텔 지하에 저녁 늦게까지 영업하는 한국식당도 있어서 더욱 그러하다.

어느 날 아침 난징의 호텔 식당에서 구멍이 뻥뻥 뚫린 치즈를 발견했다. 문득 예전에 안전교육 시간에 본 '스위스치즈 모델(Swiss Cheese Model)'이 떠올라 스위스치즈냐고 종업원에게 물었다. 그렇다는 대답이 돌아왔다.

스위스치즈의 중간중간에 뚫린 구멍(사소한 실수나 유해 · 위험요소)으로 궁극적으로는 사건 · 사고나 재해가 들어오는 일이 없도록 예방하기 위한 시스템적 사고가 필요하다.

먼저 회사 정문을 통과하는 모든 사람은 방문 사이트에 사전 등록되고 비상시 행동 요령을 포함한 기본적인 안전교육을 제공받으며 추적 · 관리된다. 기본적인 안전교육의 내용은 방문하는 사무실이나 사업장(라인)의

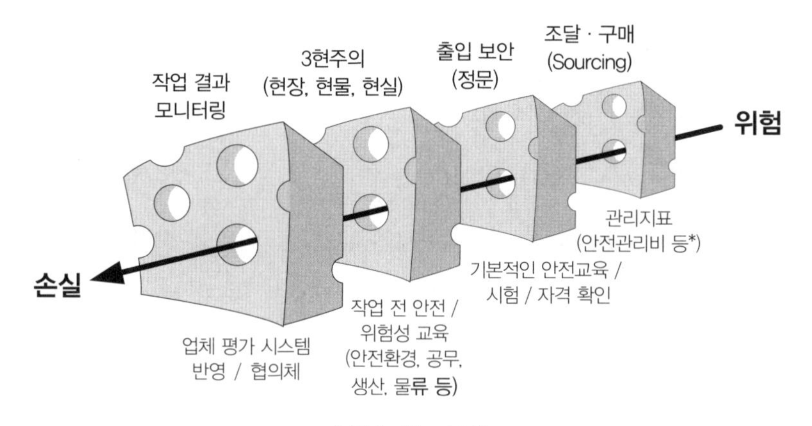

스위스 치즈 모델

위험성 경중에 따라 차별화된다. 예를 들면, 현장 작업을 위해 출입하는 경우 전날 허가된 작업 사항에 대해 안전팀 · 공무팀 · 생산팀이 실시될 작업 항목에 대해 3현주의(현장 · 현물 · 현실)에 입각해 작업 사항을 재점검하고 확인해야 한다. 특히, 작업량이 많아 오전과 오후로 구분될 경우 작업이 새로 개시되는 오후에도 오전과 동일하게 작업장 환경은 물론 작업 참여 인원의 변동 여부와 건강 상태를 꼼꼼하게 확인해야 한다.

특히, 화학물질을 취급하는 사업장의 저장탱크, 반응기, 열교환기, 칼럼 등에서 작업을 시작하는 경우 아침과 달리 온도가 높아지는 오후에는 입조 전에 반드시 밀폐공간 내 산소 농도나 유증기 노출 여부를 반드시 확인해야 한다. 산업재해 통계에 따르면 밀폐공간 내 사고가 증가하고 있는바, 주요 원인은 입조 작업 전 산소 농도 미측정과 부적절한 개인보호장비 착용이라고 한다. 이런 사실을 감안한다면 측정 시기 · 방법(상단 · 중단 · 하단을 포함한 3포인트 이상)에 대해 아무리 강조해도 지나침이 없다. 또한 입조 작업에 들어가는 사람이 내 동료 · 가족 혹은 나라고 생각하라.

마지막 단계로 실제 작업에 참여한 업체에 대해 생산 부서를 포함한 해당 부서의 업체 평가를 시스템에 반영 · 공개한다면 구성원들이 업체 선정 시 참조할 수 있을 것이다. 앞에서 언급한 사항은 공사(작업)와 관련되어 대부분 회사의 생산 · 안전 · 공무 부서에서 추진하고 있을 것이다.

그러나 스위스치즈 모델의 가장 첫 번째 부분에 있는 조달 · 구매 부문과의 협업은 어떠한가? 구매 부문의 주요 역할 중 하나는 '경쟁력 있는 업체 관리'다. 사전 업체 평가 시 경쟁력의 기준을 기존과 같이 QCDS(품질, 비용, 납기, 서비스) 항목, 특히 이 중에서 비용 항목에만 너무 편중시켜 선정한다면 생산 · 공무 · 안전보건 부문은 지금보다 더 많은 일을 챙겨야 할 것이다. 그러면 그들의 수고와 노력은 보이지 않을 것이다. 따라서 '최저입찰'이 업체 선정 기준이 아니듯, 평가 항목에 '안전'을 반드시 포함시키고 안전관리비의 실사용 여부를 작업 전과 완료 시 확인해 업체를 관리한다면 더욱 경쟁력 있는 업체 풀(Pool)을 만들 수 있을 것이다. "호미로 막을 걸 가래로도 못 막게 된다"라는 말이 있다. 초기에 치밀하게 기획 · 관리해야 나중에 헛수고를 않게 될 것이다.

외부 기관의 도움으로 인증을 받은 경영 시스템을 재인증받거나 새로운 경영 시스템을 인증받는 데 필요한 수고 · 노력을 투입하기 전에 경영 시스템이 '왜' 필요한지와 '누구를' 위한 시스템인지 자문해보라. "악마는 디테일에 강하다"는 말이 있다. 즉, 현장의 매뉴얼 · 표준을 정비하는 실질적 활동이 수반되지 않으면 그 시스템은 그냥 시스템일 뿐이다. 따라서 실제 현장(라인) 작업자들의 행동을 살아 숨 쉬는 표준으로 정립하는 일을 긴

호흡을 가지고서 기획해야 한다. 현장 또한 살아 움직이는 생명체이기에 기계 · 설비의 상태, 기계 · 설비를 조작하는 사람의 정신적 · 심리적 상태와 동료와의 관계 등 많은 변수를 고려하면서 작업 환경에 대해 생각해야 한다.

안전보건에 관한 것을 포함한 다수의 경영 시스템에 대해 강의해온 강사가 들려준 이야기가 생각난다. 경영 시스템 구축에 대한 현장 점검을 가보면 서류상으로만 잘 구비한 회사와 실제로 잘하는 회사는 1가지 질문만 해보면 알 수 있다고 했다. 그 강사는 경영 시스템에 대한 서류 심사 시 화장실에 가서 청소하는 분에게 이런 질문을 한다고 말했다.

"혹시 이 회사에서 비상사태가 발생하면 어디로 전화해야 하고,또 어디로 대피해야 하죠?"

십중팔구는 "왜 그걸 저한테 물으세요?"라고 반문한다. 간단한 사례지만 앞에서 소개한 스위스치즈 모델에서 보듯 시스템이 잘 작동하려면 각각의 요소에서 상세한 내용이 잘 지켜져야 한다는 것이 그 강사가 강조하는 것이다.

경영 시스템을 도입 · 구축하는 데는 많은 검토와 의사결정 등 노력과 수고가 들어간다. 그러나 경영 시스템을 실제로 구동시키려면 현재 그것이 잠자고 있는 서랍이나 캐비닛에서 과감히 탈출시켜야 한다. 아울러 그러한 경영 시스템을 이루는 현업 구성원들에게 설명 · 업데이트하는 활동도 동반해야 한다. 그래야 비로소 경영 시스템이 살아 움직이는 것이다.

흡사 지난 4년간 벤치마킹으로 만난 전문가분들이 제언하신 회사 고유의 경영 시스템도 처음에는 이러한 과정을 거쳤을 것이다. 즉, 우공이라는 노인이 매일 삽으로 흙을 퍼 산을 옮기려고 했던 마음으로 지속적으로 진행했을 것이다. 그러다 보니 그러한 경영 시스템이 어느새 그 회사 고유의 시스템으로 정착된 것이 아니겠는가. 그리고 오늘날에는 그 시스템이 벤치마킹의 대상이 되거나 다른 회사에 자문료를 받으며 팔려나가는 것일 테고 말이다.

매주 혹은 매일 여러분 사무실을 청소하러 오는 아저씨와 음료를 배달하러 오는 여사님에게 위에 소개한 강사처럼 질문해보라. 여러분 회사의 경영 시스템의 현주소를 알 수 있으리라.

✔ 팩트 체크

1. 좀 더 세밀한 안전시스템을 구축할 생각은 없는지?
   - 아차사고나 경미한 상해 등에서 끊임없이 배우고 개선
2. 관리자들이 가지고 있는 안전의 가치, 불안전한 상태 · 행동에 대한 인식을 제고하는 활동이 이루어지고 있는지?
3. 개인별 안전실행안을 작성 · 실천하고 있는지?
   - 방법: 최고경영진부터 작성한 뒤 조직 전체로 확산
   - 내용: 안전 행동과 안전 관리 시스템을 개선하기 위해 무엇을(What) 어떻게(How)할 것인지?

부록 3

서울대공원 호랑이 사육사 사건으로 본 안전 관리

공정안전 관리(PSM) 요소를 중심으로

2013년 11월 24일 서울대공원에서 사육하던 호랑이가 사육사를 공격해 사망시켰다. 사고 발생 원인은 개인의 잘못이나 우연 때문이 아니라 구조적 시스템 때문이었다. 이를 공정안전 관리(PSM, Process Safety Management) 요소와 연계해 소개하겠다.

PSM은 미국 등 외국의 화학공장 등에서 처음 도입되었다. 우리나라에는 1995년 안전보건공단을 통해 도입되어 1996년 1월 1일부터 시행되고 있다. 약 20여 년 이상 지속되면서 거둔 성과를 토대로 최근에는 소규모 사업장으로도 확산되고 있다. 이러한 PSM에 의해 서울대공원 사건을 고찰하자면 다음과 같은 내용이 나온다.

1. 동물의 특성, 사육장의 안전 상태, 사육사의 전문성 미파악 등
   - 공정 내 주요 안전정보 자료 파악
2. 위험요인 도출 · 체거를 통한 사고 발생 가능성 최소화 노력 미비
   - 위험요인 도출 · 평가 · 대책 수립

3. 2인 1조 근무, 호신용구 지참 같은 매뉴얼 미숙지

   안전 운전 절차 및 작업 표준 제정

4. 호랑이를 이동시킬 여우 사육장에 대한 점검 미실시

   공정 가동 전 사전 안전점검

5. 작업 내용이 맹수 사육으로 변경되었는데도 그에 따른 교육 미실시

   근로자 안전교육

6. 전문가의 의견을 무시한 채 호랑이를 여우 사육장으로 이전

   주요 공정 · 설비 변경 요소 관리

7. 맹수에 접근해야 하는 작업에 따른 사전 점검 · 조치 미실시

   위험한 작업 전에 안전 작업 허가

8. 사육장 시건장치 및 울타리 높이 부실

   정비 · 보수 등 설비의 유지 · 관리

9. 말레이곰 탈출 등 동물 관련 사고 원인 조사 및 동종 사고 예방 조치 미실시

   사고 원인 조사 및 동종 사고 예방 대책 수립

10. 사육장 울타리 높이가 호랑이 점프 능력보다 낮음에도 이에 대비한 대책 미비

    사고 발생 시 비상 조치 계획

11. 안전 관리 규정 이행 여부 확인 · 평가 미실시

    안전 관리 실행 실태 및 성과 평가 피드백

Source: 이충호 지음, 《안전 경영학 카페: 최고의 일터를 만드는 안전 레시피》, 2015, 이담북스

3
세상의 변화를 원한다면 자신부터 변화하라
[Leadership Commitment]

모범을 보이는 것은 다른 사람들에게 영향을 미치는 가장 좋은 방법이 아니라 유일한 방법이다. _ 알베르트 슈바이처

농경시대의 가장 중요한 생산요소는 토지였고, 그래서 토지를 보유한 지주가 그 시대의 부를 독점했다. 그러다 18세기에 산업혁명이 벌어지자 기계 · 공장 · 생산설비와 같은 산업자본(Physical Capital)이 주요 생산요소로 등장했다. 자본가들이 부의 진영을 형성하게 된 것이다. 19세기 후반부터는 기술(Technology)이 발달하면서 기술을 개발한 개인 · 기업이 부의 대열에 합류했다. 베르너 폰 지멘스, 토머스 에디슨, 알렉산더 그레이엄 벨 같은 기술자들이 기업의 창업자가 되기도 했다. 이들은 자기 나라를 경제대국으로 이끄는 데 공헌했다. 20세기 후반부터는 기술보다 더 넓은 개념인 지식(Knowledge)이 주요 생산요소로 부상하면서 경쟁력의 원천을 형성

했다. 여기서 말하는 '지식'이란 인간과 조직을 이해하고, 시장(Market)과 환경(Environment)의 변화를 읽어서 수익성 있는 사업을 전개하는 능력이다.

기술 · 지식은 모두 사람에게서 나온다. 따라서 기업의 경쟁력은 결국 사람, 즉 조직의 구성원들에게서 나오는 것이다. 이를 뒷받침하는 것이 인사 · 조직 관리 전문가인 제프리 페퍼 교수팀의 연구 논문이다.

사회심리학자 에이브러햄 매슬로는 "인간의 욕구는 시대와 환경에 따라 변화한다"면서 인간의 욕구를 다섯 단계로 구성했다. 즉, 최하위 단계의 욕구에서 시작해 그것이 충족되면 더 높은 단계의 욕구로 발전한다는 것이다. 첫 단계는 생리 욕구(Physiological Needs)로 자신과 가족의 생존을 유지하려는 기본적 욕구다. 생리적인 욕구가 충족되면 두 번째 단계인 안전 욕구(Safety Needs)가 나타나고, 그것이 충족되면 사교 욕구(Social Needs)와 자존 욕구(Self-Esteem Needs)가 이어지며, 마지막으로 다섯 번째 단계인 자아실현 욕구(Self-Fullfilment Needs)가 나타난다는 것이다. 이것을 긍정적으로 해석하면, 인간은 조직 속에서 일(Work)을 함으로써 자아실현을 달성할 수 있다는 뜻이기도 하다.

이래서 점차 변화되는 비즈니스 환경과 강화되는 관련 법률 · 법규에 대한 사전 정비가 필요하다. 물론 법률 · 법규에 대한 선제적인 시스템 인증이나 설비 투자처럼 하드웨어에 대한 투자는 과거에 비해 증가하고 있다. 그러나 소프트웨어에 대한 투자는 미흡한 게 사실이다. 여기서 저자가 말하는 소프트웨어란 리더십 향상과 교육 시스템 수립(교육훈련 및 리더 육성)과 같은 소프트 스킬(Soft Skill) 향상을 의미한다. 특히 리더 육성의 경우 안전 부문이 세부적으로 안전 · 보건 · 환경 · 소방/방재 등으로 나누어지는 현실을 감안한다면 소수의 리더 후보에 대한 사전 교육도 필요하다. 그러나 우리의 현실은 어떠한가? 눈앞에 펼쳐진 법적 교육(예. 산업안전보건법 · 화관법 · 연안법 등) 운용을 위해 관련 인원들을 모으고 강사를 섭외하는 데에도 시간이 부족하다고 하지 않는가.

사업에 특별한 부침이 없다면 모르나, 사업이 어려워지면 인사 부문에서는 조직(부문 · 팀 · 파트)에 대해 많은 고민을 하면서 면밀히 검토한다. 그런데 "안전 관련 부서는 어떤 일을 하며, 그 핵심 역량은 무엇일까?"라는 질문에 여러분은 어떤 답을 내놓겠는가?

조직 통폐합 소식을 접했을 때 안전과 환경 부문이 통합되는 것은 통상적인 일로 여겨진다. 하지만 '대관업무'가 메인인 총무 부문에 합쳐지거나, 기존의 총무팀장이 겸임하는 경우도 봤다. 그런데 '안전'과 '산업보건'에 대해 더 일찍 눈을 뜨고 학습한 다른 나라의 기업들은 어떨까? 안전보건 분야의 전문가인 에이드리언 플린과 존 쇼는 공저인 《안전이 중요하다!(*Safety Matters!*)》에서 아래와 같이 10가지 안전보건 리더십 행동 원칙을 제안했다.

[벤치마킹] 안전환경 리더십 행동 원칙 10가지

1. 안전이 최우선 Safety as a Top Priority
2. 경영진의 가시적 참여 Visible Management Commitment to Safety
3. 안전 관련 가시성 확대 Increasing Visibility around Safety
4. 안전 관리 보고 Safety Reporting
5. 직원/부하 참여 Staff Involvement
6. 학습문화 형성 Create a Learning Culture
7. 인정/피드백 제공 Provide Recognition
8. 개방적 문화 An Open Culture
9. 효과적 커뮤니케이션 Effective Communication
10. 안전 관리 시스템 활용 Safety Manangement System

또한 영국의 보건기구인 NHS(National Health Service)에서는 고용주들에게 '안전보건관리자가 해야 할 10가지 행동'을 제시했는데, 그 내용은 아래와 같다.

[벤치마킹] 안전보건관리자가 해야 할 10가지 행동

1. 책임의식 Understanding of personal accountabilities
경영진이 먼저 안전에 대한 관심을 가시적으로 보여준다. 이렇게 하면 조직 내 안전문화 정착도와 직원들의 안전 이슈에 대한 참여도가 높아진다.

2. 안전 관리 시스템의 내재화 Suitable health and safety management system
안전 관리 시스템을 회사 내 경영 관리 및 품질 관리 시스템으로 내재화한다. 계획(Plan) – 실행(Do) – 확인(Check) – 조치(Action) 프로세스에 따라 관리한다.

3. 안전규정과 제도를 구축하고 참여 Determining your policy
사내 안전 관리 시스템 구축 시 관련 교육뿐 아니라 제도 수립 시에도 직접 참여한다.

4. 실행 계획 수립 Planning for implementation
성숙도지표, 안전문화지표, 내부 규정 등을 기준으로 진단 후 개선에 관한 이슈를 토대로 안전환경 개선 실행 계획을 수립한다.

5. 안전 관련 위험 프로파일링 Profiling your health and safety risks
위험 수준과 특성을 파악해 프로파일링하고, 전반적 위험 관리 이슈와 연계해 접근한다. EHS 관리자와 현장 관리자의 협업의 중요성을 인식시킨다.

6. 안전 관리 관련 이슈 체계화 · 구조화 Organizing for health and safety
안전 관리 관련 관리 · 통제, 협력, 의사소통, 역량 개발 등에 대한 경영진, 현장 관리자, 직원, HSE 부서 각각의 역할을 명확화하여 공유한다.

7. 안전 관리 과제 실행 Implementing your plan
현장 관리 · 교정, 자원 · 시설 확보, 유지 · 보수와 함께 직원들에 대한 교육, 역량 개발, 인력 확보 등 실질적인 문제 해결을 실시한다. 아울러 위험에 대한 가능성 및 수준에 따라 시급도를 파악해 조치를 시행한다.

8. 성과 평가 및 모니터링 Measuring performance and monitoring
경영진이 평가에 직접 참여해 모니터링하고, 회사의 경영 실적과 연계시켜 관리한다.

9. 사건 · 사고 조사 및 보고 Reporting and investigating accidents and incidents

사건 발생 시 사고 현황, 사고 원인, 예방 실패 이유 등을 정확히 파악해 보고하고, 추가 사고를 예방하기 위해 사내에 공유한다.

10. 성과 분석 및 학습 포인트 파악 Reviewing performance and learning lessons

경영진이 직접 참여하는 안전 관리 커미티/회의 등을 통해 안전 관리 제도 · 규정, 실행 결과 등을 직접 리뷰하면서 향후 보완 사항을 파악 · 점검한다.

앞에서 살펴본 바와 같이 '대관업무'는 효과적인 커뮤니케이션 방법에는 속할 수 있겠지만 주류는 아니다. 안전 관련 업무를 제대로 하려면 리더십과 그에 따른 핵심 역량을 정의해야 한다. 기업의 성공은 사람으로 성취되기 때문이다.

즉, 조직의 이념 · 비전을 제시하고 그것을 실현하는 데 필요한 조직문화를 구축하는 데는 리더십이 필요하다. 그래서 안전문화 구축을 위해 어떤 리더십 행동을 해야 구성원들의 자발적 참여를 이끌어낼 수 있을까 고민하는 경영자 · 안전관리자도 있다.

영국의 안전보건 이슈를 40여 년간 연구 · 관리해온 정책기관인 HSE(Health & Safety, Environment)의 연구 결과를 통해 효과적인 '안전 관련 리더십 행동'을 알아보자.

[벤치마킹] HSE가 제시하는 '안전 관련 리더십 행동'

	안전 관련 리더십 행동	긍정적 성과지표					
		위험 행동 감소	안전 활동 참여 증진	사고 사례 보고 감소	사고 축소 보고 감소	안전 환경 문화 인식 증진	기타
1	안전 우선 행동 Commitment to safety 안전 관리를 위한 실질적 투입 시간, 경영진 참여 유도	○	○	○			위반 행동 감소
2	위험민감성 High risk awareness 위험은 사전에 예방할 수 있다는 믿음과 예민한 위험 감지		○				
3	안전에 대한 소통 Safety communication 현장 직원들과 안전 관련 직접 의사소통	○	○				직무 관련 통증 감소
4	안전규정 실행 Enforcement of safety policies 안전 관리 규정을 철저하게 시행하여 관련 직원들의 인식을 증진			○	○		
5	안전 관련 활동에 직접 참여 Involvement in safety activities 안전교육, 안전점검 등에 대한 직접 참여					○	안전에 대한 직원들의 책임 의식 증진
6	솔선수범 Leading by example 리더가 먼저 모범적으로 안전규정을 철저히 이행하는 등 어려운 규정을 준수	○					
7	동기부여 Motivating staff to work safety 직원들의 기여 · 참여를 인정해줌으로써 업무에 대한 자부심과 의미를 부여	○	○				
8	지지적 리더십 Supportive leadership & supervision 개방적 의사소통 및 지지적 관계를 형성		○	○	○		안전 이슈 개선 의견 증가

바로 위의 8가지 항목 중 특히 안전 관리에 실질적으로 투입하는 시간과 경영진의 참여도, 개방적 커뮤니케이션과 지지적 관계 형성은 긍정적 성과지표에 더 많이 나타났다. 동양과 서양을 막론하고 리더십은 '솔선수범'으로 정리될 수 있는 것이다.

사례 1 | 모두가 보는 안전 관련 가시적 리더십(Visible Leadership)

안전과 관련된 회의 · 점검 시 자주 발생되는 바람직하지 않은 리더십 사례를 소개하겠다.

해외 출장 때문에 본인이 정해놓은 월 1회 안전보건회의 출석마저 지키지 못했다. 그 기간에 본사에서 HSE 진단차 왔던 임원에게 진단 결과를 묻자 "0점"이라는 대답을 공장장은 듣는다. 이유를 묻자 안전 전문가가 공장 내 최고의사결정권자가 출장으로 안전 회의에 참석하지 않은 것을 들어서라고 한다. 즉, 안전이 우선순위에서 밀렸기 때문이라는 것이다.

그 이야기를 들은 공장장은 이후 어떻게 했을까? 매월 안전 미팅 정례화를 위해 '매월 2주차 화요일 10시' 같은 식으로 일자를 확정하고 안전보건회의에 참석하자 관련 임원은 물론 생산팀장 모두가 회의에 참석했다고 한다.

소방 분야에 30년 이상 몸 담은 교수를 강의 의뢰차 만났다. 그분은 소방 관련 일을 잘하는 회사와 마지못해 하는 회사를 구별하는 법을 알고 있다며 자신 있게 얘기했다. 즉, 외부 점검을 마치고 총평 시 최고경영자가 참석하는지를 보면 알 수 있다는 것이다.

마지못해 하는 회사는 첫 미팅은 물론이고 총평 시에도 최고경영자가 참석하지 않는다. 잘하는 회사는 점검 시 최고경영자 본인도 시간을 내어 진단 인원과 함께 현장을 직접 다니고 총평 후 본인의 생각을 피력한다. 이렇듯 조직의 안전 수준은 안전을 바라보는 리더의 눈높이를 넘지 못한다.

화학공장은 365일 쉼없이 가동된다. 또한 대규모 투자가 수반된다는 특성을 감안하면 공장이 셧다운 시간을 줄이려는 노력은 추가적인 투자 없이 생산성을 향상시키기 위한 것이다. 특히 대정비(Turn Around)나 대규모 해체 작업(Overhaul)으로 인한 장기간 셧다운의 경우 과거에는 공사 기간을 단축하면 경영진으로부터 칭찬을 받았다. 물론 오늘날 우리나라에는 이런 회사가 없을 것이다. 우리나라 석유화학 업종의 경우 인력 수급의 어려움을 타계하고자 작업 전 많은 고민과 함께 철저히 준비하기 때문이다.

예를 들면, A라는 사람이 울산과 여수에 있는 사업장의 작업을 지원하러 갔다. 동일한 사람이 두 공장에 출입했기에 안전 작업 관련 행동도 같아야 한다. 그런데 다른 행동을 했다.

왜 그랬을까? 혹시 작업 현장이 달라짐에 따라 작업자의 안전에 대한 가치관이나 생각이 갑자기 바뀐 것인가? 물론 아니다. 실제 현장에 들어가보니 작업 전 원청에서 요구하는 수준이나 작업 중 현장 작업을 관리 · 감독하는 사람들을 지켜본 후 그 상황에 맞춰 행동했으리라.

이렇듯 협력사 인원의 안전규정 준수 여부는 원청에서 요구하는 수준 그 이상을 넘을 수 없다. 그러니 원청에서 먼저 보여주어야 하는 것이다.

사례 2 | 힘든 비즈니스 환경에서 안전 투자 관련 선택

B사의 안전보건위원회 회의 장면을 살펴보자.

이 회의는 매년 반기별로 실시하는데, 이번 회의는 올해 안전보건 실적과 내년 계획 공유, 최근 사업장 진단 결과에 대한 사후 실행에 대해 논의하는 자리다. 최고경영진과 해당 사업부장, 인사부문장, 재경부문장, 안전보건팀이 서로의 의견을 허심탄회하게 주고받는 자리이기도 하다. 예전에는 안전보건 담당 팀장 혼자서 모든 내용을 보고했으나, 올해부터는 해당 사업부장이 CEO 앞에서 직접 실적과 계획을 보고하기에 이르렀다.

주요 안건은 화학물질 관리 및 비상시 대응 시스템 수립, 실질적인 안전과 관련된 활동을 위한 안전 조직(인원) 보강 등 실무적인 내용이다. 물론 안전이 중요하지만 올해에도 예상 경영 실적이 좋지 않다. 그래서 주관 부서에서 제의한 인력 수는 너무 많으니 중장기적으로 계획을 세워 충원해야 한다고 재무부문장과 인사부문장이 연이어 말한다. 이에 인력 충원 문제는 예전부터 지속적으로 제기된 이슈라는 것과, 강화되는 법률 · 법규에 선제적 · 효과적으로 대응하려면 제의한 인원 수도 많은 게 아니라고 안전보건 담당 팀장은 응수한다.

그러나 정작 사업을 책임지는 사업부장은 아무런 얘기도 없다. 공장장 중 유일하게 참석한 분만이 "제가 속한 공장은 현재 적자지만 내년부터는 흑자로 전환됩니다. 그러니 안전보건 담당 팀장 말씀대로 해주셨으면 합니다"라고 강력하게 말한다.

시간이 어느 정도 흐른 후 CEO는 사업의 책임자인 사업부장이 요청한 인원만큼 지원하겠고 얘기한다. 단, 사전에 인사 · 재무 · 안전보건 스텝과 협의를 거친 뒤 최종 승인하겠다고 덧붙인다.

우수기업 사례 특강 때 강사로 왔던 어느 안전 전문가의 이야기가 떠올랐다.

"안전보건은 사업을 지속하는데 정말로 중요한 항목이다. 그러므로 설비는 물론 사람에 대해서도 지속적인 투자가 수반되어야 한다. 그렇게 해도 오랜 시간이 흐른 후에야 하나둘 성과로 나타난다"는 것이다. 그러나 그보다 중요한 것을 알게 됐다며 강의를 이어갔다. "그것은 '회사가 흑자이고 성과를 내고 있다'는 가정하에 가능한 일"이라는 것이다. 즉, 그 임원이 몸담았던 회사에서 경영 위축으로 인해 팀이 축소되고 관련 인원들이 구조조정을 당하는 현실을 직접 경험하면서 깨달은 사실은, "안전보건은 사업 자체가 존재해야만 가능하다"는 것이었다고 한다.

아울러 [사례 2]에서처럼 리더(경영진)는 안전에 대한 자신의 생각 · 원칙에 대해 늘 구성원들과 커뮤니케이션해야 한다. 이는 구성원들로부터 공감은 물론 본인들 스스로가 안전을 실천할 수 있다는 팔로워십(Followership)을 확보할 수 있는 기회이자 모멘텀(Momentum)을 제공하기 때문이다.

안전은 리더의 노력만으로는 성공하거나 성과로 이어지지 않는다. 구성원들과의 원활한 커뮤니케이션과 지속적인 참여가 필요하다. 이런 진실을 잘 알고 행동으로 실천해야 할 것이다.

✔ 팩트 체크

1. 경영진 · 관리자가 모범(기본적인 안전습관 생활화)을 보이는지?
2. 임원과 안전 관리 · 감독자를 대상으로 한 안전감사(Audit) 및 안전교육을 실시하는지?
   - 현장 안전을 효과적 · 종합적으로 파악하는 능력, 구성원들과 대화하는 방법
3. 안전에 대한 우선순위를 명확하게 하고 있는지?
   - 직책별(경영진 · 안전관리자 · 직원) 역할과 책임 명시화
   - 조직 · 인원 재검토, 설비 투자, 교육 비중
4. 안전과 관련된 활동에 가시적으로 참여하는 방법을 학습하는지?
   - 현장경영 시 휴대하는 휴대용 체크리스트
   - (내외부) 진단 · 점검 시 킥오프(Kick-Off)/클로징(Closing) 미팅 참석 여부 및 지적 사항 개선 실행률

4

제품 생산 전 과정에서 안전보건

설계·개발 초기부터

[Value Chain]

지식은 뇌에서 나오지만, 지혜는 마음에서 나온다.

_ 알리바바 그룹의 회장 마윈

안전과 관련된 활동을 추진하면서 구성원 설문조사나 인터뷰에서 가장 많이 언급된 내용이 생산 부문과의 갈등(Conflict), 즉 우선순위에서 밀려나는 것에 관한 이야기다. 미국 최대 철강회사 US스틸에서 강조하는 '안전제일'이 무색하게도 생산 부문은 습관적으로 품질(Quality) · 비용(Cost) · 납기(Delivery) · 서비스(Service)처럼 가시적인 활동에 편중되어있다. 그러나 안전은 '차별화를 통한 고객 만족'의 관점에서 보면 간과되어서는 안된다. 안전 관련 활동의 성과는 가시화하는 데 오래 걸리기 때문이다. 궁극적 '고객 만족'은 고객이 제품 · 서비스를 사용하는 것부터 폐기에 이르기까지 전 과정에 안전을 포함하는 것이다. 특히 화학물질 관련 안전사고와

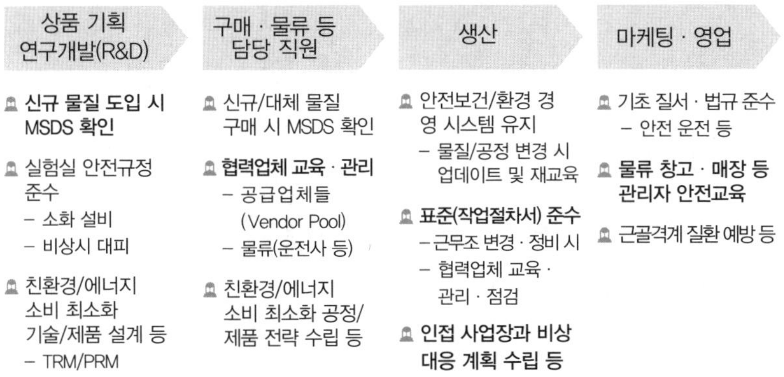

상품 기획 연구개발(R&D)	구매 · 물류 등 담당 직원	생산	마케팅 · 영업
신규 물질 도입 시 MSDS 확인 실험실 안전규정 준수 - 소화 설비 - 비상시 대피 친환경/에너지 소비 최소화 기술/제품 설계 등 - TRM/PRM	신규/대체 물질 구매 시 MSDS 확인 **협력업체 교육 · 관리** - 공급업체들 (Vendor Pool) - 물류(운전사 등) 친환경/에너지 소비 최소화 공정/제품 전략 수립 등	안전보건/환경 경영 시스템 유지 - 물질/공정 변경 시 업데이트 및 재교육 **표준(작업절차서) 준수** -근무조 변경 · 정비 시 - 협력업체 교육 · 관리 · 점검 **인접 사업장과 비상 대응 계획 수립 등**	기초 질서 · 법규 준수 - 안전 운전 등 **물류 창고 · 매장 등 관리자 안전교육** 근골격계 질환 예방 등

가치사슬(Value Chain)

관련한 뉴스를 보면 소비자들이 알고 있는 제품 정보가 많고, 안전 문제에 관한 관심도 깊다는 걸 알 수 있다

1980년대 포드 자동차에서 실시한 품질 특성 평가에 대한 연구 결과를 소개한다. 즉, "제품 · 공정 개발이 완료되고 제조용 기계를 설비한 후 품질 결함 중 약 85%가 시스템에 내재됐음을 파악했다"는 것이었다. 이는 조립 공정에 근무하는 근무자나 경영자가 새로운 작업 방식이나 고도화된 수준의 품질경영 시스템을 도입하더라도 품질 결함의 15%만 수정할 수 있다는 뜻이다. 예를 들면, 거의 완성된 자동차의 도장 공정에서 온도 · 습도를 적절하게 유지하지 못하면 공기 오염으로 인해 페인트 작업에 문제가 발생할 것이다. 그러면 거의 완성된 자동차가 '불량' 판정을 받을 것이다.

이러한 측면에서 안전한 환경도 품질과 같은 맥락이라고 생각되기에 회사 내 가치사슬(Value Chain)에 대해서 자세히 살펴보고자 한다, 가치사슬이란 "상품 기획 ⇒ 연구개발(R&D) ⇒ 구매 ⇒ 생산 ⇒ 영업 · 마케팅 ⇒ A/S" 같은 일련의 프로세스를 말한다. 이와 같이 제품 · 서비스를 개발하는 프로젝트는 최초 시장 · 고객의 요구 사항을 기획 부문에 반영해 의사결정을 득하면 본격적인 프로젝트를 발전시킨다. 따라서 안전과 관련된 활동의 중점 영역에 대한 고민과 의사결정이 필요한 것이다.

우선 회사 내부적으로는 기존과 같이 생산 단계에만 집중할 것인지, 아니면 제품 개발 초기 단계부터 안전과 관련된 활동을 선취할 것인지에 대한 부분이다. 이에 더해 원 · 부재료를 공급하는 협력사도 안전과 관련된 활동 대상에 포함한다면 우리가 추구하는 안전과 관련된 활동의 성과는 물론 고객의 만족도도 높아질 것이다.

아울러 사업장에서 제품을 운송하던 중 사고가 발생한 경우 요즘에는 "××회사의 협력사" 혹은 "××운송사, 위험의 외주화" 같은 자극적인 제목을 붙이면서 보도하는 것도 이와 무관하지는 않다.

과거에는 라이센스 기간 동안 제품 · 기술에 대한 로열티를 주면서 생산성을 향상시키는 활동이 경쟁력이었다. 오늘날에는 축적된 제조 노하우 · 스킬을 바탕으로 직접 프로세스를 개발하거나 차별화된 제품을 생산하는 기술이 곧 경쟁력이자 생존 수단이다. 차별화된 제품이나 독립적인 프로세스를 개발하려면 제조는 물론 개발 단계에서부터 전 과정에 이르는 안전보건 활동이 선행되어야 할 것이다.

최근 제 · 개정되는 법규 중 연안법(연구실 안전환경 조성에 관한 법률)에 대해 아는가? 화학물질 등을 혼합 · 정제해 제품을 만드는 공정(Process)을 설계하는 단계에서 처음에는 어떤 물질을 사용할 것인가에 대한, 즉 물질안전보건 자료(MSDS, Material Safety Data Sheet)에 대한 사전 검토가 이루어지지 않은 채 연구실의 파일럿장비로 제품 개발 컨셉을 확정하고, 현장

(Field)에서 양산해 시장에 유통된다면 어떻게 할 것인가? 바로 그것에 관한 법률이다.

2013년 구미에서 발생한 불산 유출 사고 이후 우리나라에서는 지속적으로 법규를 제 · 개정하고 강화했다. 그 결과 화평법(화학물질의 등록 · 평가 등에 관한 법률)과 화관법(화학물질 관리에 관한 법률) 등이 제정되었다. 결국 MSDS란 이러한 법률에 따라 만들어진, 가전제품의 사용설명서처럼 화학물질에 대한 족보, 즉 물질의 특성과 함께 유해성, 취급 시 주의사항 등이 포함된 명세서다.

과거에는 국제적으로 사용이 허용되었으나 오늘날에는 선진국에서 발암물질로 의심받는 물질이 우리 공정에서 사용되고 있는가와, 사용하려는 물질이 수출 대상 국가에서 규제 대상인지를 꼼꼼하게 살펴야 하는 것이다. 그러니 화합물을 수입 · 제조하는 과정에서 연구원들은 원료물질에 대한 기본 자료인 MSDS를 먼저 수집해야 한다. 또한 물질을 활용하는 실험 · 개발에 참여하는 경우에는 눈에 보이는 곳에 MSDS를 부착해야 하며, 사용하는 물질에 부합하는 개인보호장비도 착용해야 한다. 그런데 우리의 현실은 어떤가?

미국화학회(ACS, American Chemical Society)가 운영하는 화학물질등록기구에 의하면, 지구상에서 상업적으로 이용 가능한 화학물질은 약 1억여 종이라고 한다(2016년 1월 18일 기준). 그중 약 34만 종이 유통되며, 또한 매년 약 3천 종이 시장에 출시된다고 한다. 우리나라에서 유통되는 화학물질의 양도 팔당댐의 저장 용량을 능가하고 있다. 따라서 화학물질에 대한 관리도 회사 차원이나 공급망 관리(SCM, Supply Chain Management) 차원에서 이루어지도록 하기 위해 화학물질에 대한 인벤토리(Inventory)를 구성하고 별도 대응팀을 만드는 것도 좋은 방법이라고 본다.

최근 M&A 등 신규 사업에 대한 투자가 활발한 외국계 회사인 A사는, 생산 부문에서 실시했던 위험성 평가를 연구개발 초기 단계부터 각 물질 · 프로세스에 적용하고 있었다. 또한 특수 가스를 제조 · 판매하는 B사는 운송 시의 안전에 주목하면서 자사는 물론 고객사에도 운송 관련 특별 안전교육을 직접 실시하고 있다. 혹시 여러분의 회사가 전달하는 유무형의 제품 · 서비스가 내부는 물론 OEM(ODM)으로도 제공된다면 협력사의 안전 수준을 향상시킬 필요가 있다. 이것이 곧 자사의 안전 수준을 향상시키는 것이기도 하기 때문이다.

사례 1 | 고객의 불만 사항(Pain Point) 발굴을 통한 제품 개발 프로세스 개선

25년 이상 외국계 회사에서 근무하다가 LG 그룹 계열사의 대표로 부임한 경영자와 점심을 먹으며 나누었던 이야기를 들려주고자 한다.

경쟁이 치열한 내수 시장에서 신제품 개발에 성공한 경쟁사가 자사의 M/S(시장점유율)를 추월하자 매일 스트레스에 시달리던 사업부장이 있었다. 그 사업부장은 CEO 특강을 듣고 고객(제품의 소비자 혹은 채널)의 목소리를 들어본 결과 경쟁사를 이길 수 있는 아이디어를 찾았다. 이에 소수 정예의 연구원들을 차출해 비밀 프로젝트를 시작했다. 채 1년도 되지 않아

계획보다 더 빨리 신제품 개발에 성공했다. 고객의 생생한 목소리가 반영된 제품이라 내수 시장에서의 반응은 예상보다 더 괜찮았다.

사업부에서는 우리나라에서의 반응이 좋으니 수출도 진행하라고 했다. 제품을 선적하려고 보니 딜러가 제품의 물성에 대한 부분을 상세히 물었다. 뒤늦게 안 사실이지만 제품에 사용된 화학물질 중 하나는 바로 이 신제품을 개발하는 프로젝트가 출범하기 전에 미국환경보호청(EPA)이 금지물질로 추가한 물질이었다. 이러한 정보를 더 빨리 파악한 경쟁사들은 이미 대체제를 확보함으로써 친환경 제품을 개발했으며, 이를 마케팅과 어떻게 연계시킬지를 고민 중이라고 했다.

그래서 이 회사는 제품 개발 프로세스를 대폭 개선했다. 기존에는 제품 개발이 완료된 후 영업사원들에게 개발된 제품을 홍보 · 판매하라는 푸시(Push) 방식을 사용했다. 이때부터는 개발 초기(Early Stage)부터 안전 · 환경 부문과 영업을 포함한 각 부문의 전문가가 참여하는 다기능팀 전략(Cross-Functional Team)에 따라 서로의 의견을 주고받음으로써 리스크를 사전에 상호 점검하기에 이르렀다. 또한 각 분야의 전문성을 바탕으로 '제품 · 라인 실명제'와 같이 이력 관리가 이루어질 수 있도록 시스템화했다.

이로써 회사에서는 초기 개발에 투입되는 자원을 효율적으로 활용하고, 게이트 리뷰(Gate Review) 시 부문 간 커뮤니케이션과 협업을 함으로써 일체감과 성취감을 구성원들에게 심어주었다. 특히 영업 부문에는 자사 제품의 세일즈포인트(Sales Point)를 먼저 발굴해 향후 고객에게 가치제안(Value Proposition)을 할 수 있는 학습 기회를 제공하는 풀(Pull) 방식 업무 프로세스까지 갖췄다.

혹시 여러분 회사 · 사업장에서 개발 예정인 제품이나 공정 개선 프로젝트가 얼마나 있는지 아는가? 연구개발 부서로부터 업무 협조를 받은 적이 있는가? "아니오"라고 대답할 거라면 바로 이 사례를 회사 업무 프로세스를 개선하는 수단으로 활용해보기를 권한다.

사례 2 | 자사의 안전 수준은 협력사의 안전 수준을 넘을 수 없다

미국에 진출했던 모(母)회사를 따라 동반 진출했던 협력사의 사례를 보자.

자동차 부품업체인 C사의 미국 공장에서 1명이 사망하는 사고가 발생했다. 미국 직업안전위생국(OSHA, Occupational Safety and Health Administration)이 6개월간 조사한 결과는 다음과 같았다. 센서 오작동 때문에 장비 뒤편을 살펴보던 중 장비의 한 부분을 건드렸고, 그래서 갑자기 장비가 작동하면서 틈새에 끼여있던 협력사 직원이 사망한 것이다.

그 결과 C사는 물론 인력파견업체까지도 안전 관리 의무 이행 소홀 등의 이유로 한화 기준 30억 2천만 원의 벌금이 부과됐다고 한다. 또한 사망사고의 최종 책임이 생산 목표치를 너무 높게 설정한 원청업체인 C사에 있다고 했다. 2016년 우리나라에서 발생한 사망사고에 대한 벌금액이 건당 432만 원임(징역 없음)을 감안한다면 비교가 안되는 안전 관리 수준이다.

2014년 중국 쿤산의 한 공장에서 알루미늄 분진 폭발로 사망자 69명과 부상자 187명이 발생한 큰 사고가 터졌다. 주 원인은 작업자 대부분이 분진의 위험성을 몰랐기 때문이었다. 해당 회사 관계자는 중국 공안에 인계되어 사법처리를 당했다. 이 회사는 GM의 2차 협력사로 등록됐던 터라 GM이 협력사를 부실하게 관리한 탓이 아니냐는 주장도 제기되었다.

해외 진출 시 동반 진출한 협력사 혹은 현지의 협력사와 직접적인 고용관계가 없더라도, 협력사에서 발생한 산업재해에 대한 원청업체의 근로자 보호 및 안전 배려 의무를 폭넓게 해석하는 판례가 이렇듯 증가되는 추세에 있음을 잘 주지해야 한다. 특히 동반 진출 협력사는 물론 현지 협력사의 안전 관리 수준도 개선시켜야 한다. 더군다나 한국에 있는 본사에서 성공했던 경영 시스템과 업무 방식이 다른 나라에도 이식되었을 경우, 그것을 안정화하는 데 상당한 시간이 필요하다는 걸 고려하면 더욱 그렇다. 남쪽 지방의 귤이 강 건너 북쪽에 가면 탱자가 된다고 했다. 이에 대비하여 전략적인 접근이 필요한 것이다.

결국, 기존의 생산 중심 활동에서 제품 · 서비스 기획 및 개발 단계부터 안전보건 전문가들이 참여해 사전에 유해 · 위험요소를 발굴하는 조기 참여가 무엇보다 중요한 것이다. 아울러 이를 가치사슬은 물론 공급망 관리 차원에서도 안전보건 활동으로 확장시켜야 한다.

✔ 팩트 체크

1. 기존의 생산 중심 안전 관련 활동에서는 가치사슬(Value Chain)의 전체 관점에서 교육이 실시되고 있는지? 특히, 가치사슬의 첫단계인 연구개발 단계나 프로젝트 초기 단계(Lab ⇒ Pilot ⇒ Field)부터 안전 직군이 참여(Early Stage Engagement)하고 있는지?
2. 공급망 관리 차원에서 협력사의 안전 수준 제고 활동이 이루어지는지?
   - 교육 · 점검 · 지원, 고객의 목소리 청취, HSE 미팅 정례화(현안 토의, 개선 방향 도출)
3. 화학물질 인벤토리(Inventory) 작성 · 관리가 이루어지는지?

5
일구이무(一球二無)
훈련은 실전처럼
[Drill]

공 하나에 두 번은 다시 없다.
그리고 두 번 다시 없을 공 하나를 위해 얼마나 준비하는지가
중요하다. _'야구의 신' 김성근

4년 전 LG 그룹 연수원에서 안전교육을 처음 시작할 때와 비교 시 2018년 현재 LG 그룹 내 임직원들의 안전의식은 많이 향상됐다. 특히 임원 교육 내에도 신규 임원과 직책 선임자를 위한 과정에 안전교육을 포함한 결정은 아주 좋았다. 아울러 실제 현장에서는 어떻게 실행하는지도 직군 교육에 참석하는 인원들을 통해 간접적으로 확인하고 있다.

특히 최근 타사의 사고 관련 진상조사 과정을 보면서 제대로 해야겠다는 생각이 퍼뜩 들었다. 과거와 달리 사고 조사에 참석하는 인원과 장비도 다양해졌기 때문이다. 사고 당시 현장에 있던 사람의 인터뷰는 물론 정황

이 담긴 CCTV 장면도 사고 조사에 사용되고 있다. 심지어 최근에는 안전 교육에서 소방교육을 따로 분리해 진행하고 있다. 즉, 만일의 사태에 대비해 실전과도 같은 훈련을 부단하게 시키고 있는 것이다.

사례 1 | 훈련을 실전처럼!
- 실전에서 임무를 완수한 릭 리스콜라

현지 시각 2001년 9월 11일 오전 8시 48분, 미국 뉴욕 세계무역센터(WTC)에 항공기 충돌 테러가 발생했다. 그곳에 상주한 여러 투자은행(IB, Investment Bank) 중 모건스탠리의 안전 책임자인 릭 리스콜라의 평상시 비상대응훈련(Emergency Exercise & Drills) 덕에 모건스탠리는 피해를 거의 입지 않았다. 즉, 모건스탠리는 평소에 안전에 투자했던 결과 인적 · 물적 피해를 최소화한 것은 물론 고객 이탈이라는 2차 피해까지 막을 수 있었다. 이로써 모건스탠리의 경쟁력이 타사들에 비해 크게 상승했고 말이다.

모건스탠리는 1993년 WTC에서 폭탄 테러가 발생한 뒤 비상사태에 대비한 '플랜 B'를 수립했다. 아울러 실시간 신규 파일 백업 시스템을 구축하고, 비상대피훈련도 수시로 실시했다. 특히 2001년 당시 베트남 전쟁 참전용사였던 릭 리스콜라는 고액연봉자들이 즐비한 모건스탠리의 직원들에게 "연봉보다 중요한 건 여러분의 생명입니다!", "인간이 재난에 의해 충격을 받았을 때 뇌를 계속 움직일 최상의 방법은 똑같은 훈련을 반복하는 겁니다!"라는 신념과 철학이 담긴 가르침을 펼쳤다. 이에 따라 모건스탠리의 직원들은 매분기마다 사무실이 있는 44층에서부터 계단을 이용해 대피하는 훈련을 계획대로 고집스럽게 진행했다. 사고 당일 직원들은 평상시 훈련 때처럼 움직여 대부분 무사히 대피했다. 릭 리스콜라는 혹시 남아있는 인원이 없는지 확인하러 갔으며, 영영 돌아오지 않았다.

여러분이 릭 리스콜라 같은 안전 책임자라면 어떻게 했을까? 소방훈련 때 각 사무실에 찾아가 훈련에 참석하라고 하겠는가? 경영진 주관으로 회의 중인 회의실에도 들어가 훈련 참여를 독려하겠는가? 주저한 적이 있다면 본인의 역할에 대해 깊이 생각해봐야 한다. 아니, 입장을 바꿔보자. 여러분 회사 · 사업장에서 실시하는 비상대피훈련에 여러분은 빠짐없이 참석했는가? 만약 "예"라는 답을 했다면, 여러분이 근무하는 곳에서 비상계단을 이용할 경우 1층까지 시간이 얼마나 소요되며, 1차 및 2차 집결지는 어디인가?

여러분이 안전 책임자라면 릭 리스콜라처럼 업무나 회의에 집중하는 동료들을 일일이 찾아다녀야 한다. 그들이 하던 일을 잠시 멈추고 훈련에 참석하도록 주도적으로 유도해야 한다. 또한 집결지에서 훈련참석률을 확인하고, 회사가 규정한 시간 내에 인원들이 대피했는지 파악해야 한다. 특히 외부 고객이나 방문객의 입 · 출입기록까지 꼼꼼하게 파악하는 책임감과 디테일을 겸비해야 한다. 이렇게 해야 제품 · 서비스를 통한 고객 만족을 너머 개인의 생명을 소중히 여기는 기업이라는 이미지를 고객들에게 심어줄 수 있기 때문이다.

사례 2 | 개인 안전보건 실습 과정에서 만난 교육생

안전보건 부문의 전문가 양성을 위한 첫째 관문으로 안전보건 입문 과정이 있다. 이 과정에는 안전 · 환경 · 보건 · 소방의 기본 용어 및 법규 동향, 우수기업 사례, 부문 · 개인이 해야 할 일과 개인 안전보건 실습이 포함되어있다. 특히 개인 안전보건 실습은 실생활에서 가장 필요하며, 그래서 모두가 습득해야 할 소화기 · 소화전 · 완강기 사용법 및 심폐소생술과 최근 널리 보급된 자동심장충격기(AED) 사용법 등을 가르친다. 물론 실제 상황에서 몸이 자연스럽게 반응할 수 있도록 '실습' 중심으로 진행된다. 저자가 근무하는 연수원에서도 협력사 직원들을 포함한 구성원 모두가 교육을 받고 '희망영웅'이라는 자격을 획득하기도 했다.

4년간 교육하면서 아직도 기억에 남아있는 교육생이 있다. 그 교육생은 대부분의 과정 내내 본인의 의견을 개진한 것은 물론, 특히 개인 안전보건 실습 시간에 옷이 푹 젖을 정도로 땀을 흘리면서 교육에 참여했다.

매일 오전마다 그 전날 학습한 내용에 대해 서로의 느낌과 현업 적용을 공유하는 '데일리 리플렉션(Daily Reflection)'을 한다. 이때 그 교육생으로부터 애처로운 사연을 듣고 교육 담당자로서의 마음과 자세를 다시 한 번 붙잡았다.

어렸을 때 많이 아껴주셨던 할머니가 갑자기 쓰러지셨다. 그런데 그가 심폐소생술을 하지 못해 골든타임을 놓쳤다는 것이다. 심폐소생술을 배워뒀더라면 할머니를 구할 수 있었으리라 생각했기에 더더욱 열심히 했다는 것이다. 문득 일시이무(一矢二無)라는 말이 떠올랐다. "이 화살이 마지막이다!"라고 여기고서 목숨을 걸고 집중해 쏘면 바위도 쪼갤수 있다는 뜻이다. 이 교육생은 일시이무를 온 몸으로 실천한 셈이다.

30여 년간 소방관으로 재직 후 '비상대피와 응급 조치' 강의를 왕성하게 하고 있는 강사가 있다. 그분은 강의 말미에 다음과 같은 당부의 말을 한다. 교육 시 "나한텐 이 교육이 필요 없는데요"라거나 "난 잘하고 있어요. 이 교육을 받을 필요가 없어요" 같은 말을 하는 사람들을 볼 때마다 안타깝다는 것이다. 더욱 안타까운 건 긴급상황 발생 후 신고를 받고 현장에 출동해보면 응급 조치나 초동대처를 제대로 못해 골든타임을 놓쳐 사태를 악화시킨 경우가 많았다는 점이라고 했다. 특히 화재 진압 후 현장에서 안전핀이 뽑히지 않은 채로 있던 소화기를 발견할 때마다 그 회사는 소방훈련을 어떻게 한 건가 의심했다고 한다.

그러면서도 매년 3,500건 이상의 화재 중 산업체 화재가 7% 정도인데, 그중 소화기로 진압된 경우는 46.5%라는 통계를 보노라면 나머지 53.5%에 대해 고민하게 되더라고 했다. 그 이유는 화재 현장에 있던 사람이 소화기 등으로 진압할 수 있다고 판단해 신고하는 데 필요한 골든타임을 놓치는 경우가 많기 때문이다. 그러니 소화기를 사용하기 전에 소방서 등 외부에 먼저 도움을 요청하는 것이 좋다고 덧붙였다. 물론 소화기를 사용하는 방법은 숙지하고 있어야 한다.

"우리집 소화기 1개 경보기 1개 생명을 9합니다"라는 글귀가 아이들이 다니는 학교에 붙어있는 걸 봤다. 여러분의 가정과 차량에는 소화기가 있는가? 사무실 소화기를 매월 점검해야 할 항목에 넣고 잘 관리하는가? 또한 가족 모두 소화기 사용법과 심폐소생술을 교육받았는가?

또 다른 강사의 말도 생각난다. E사의 안전보건담당자는 매월 4일(死日) 11시 9분에 각 사무실을 포함한 현장(Site)의 담당자가 직접 소화기 작동 여부를 점검 · 확인하도록 했다고 한다. 해당 부서의 팀원들은 그 결과를 안전보건 총괄 담당자에게 보고한다고 했다. 소화기 작동 여부는 물론 사이렌이 작동되는지 매월 특정 시간마다 직접 테스트해보는 회사도 있다.

어느 외국계 기업은 사무실 구성원들에게 정기적으로 심폐소생술 교육을 시키고 있으며, 사무실을 방문한 사람들을 위해 남자와 여자를 구분해 응급처치 담당자를 선정하고 있다고 한다. 예를 들면, 남자의 경우 10~15명 단위로 응급처치 담당자를 선정하는 식이라고 한다. 또한 사무실 내 직원들과의 연락시스템 구축은 물론, 바로 식별이 가능하도록 책상 위에 남자는 빨간색, 여자는 파란색으로 표시를 했다고 한다. 혹시 여러분의 사무실에도 비상대응훈련 교육을 받은 사람들이 방문객을 위한 준비를 하고 있는가?

사례 3 | 외부 기관과 공동으로 준비하는 소방훈련

대부분의 조직에서는 정기적으로 안전팀 주관하에 탁상훈련(Table Top)이나 계획된 시나리오에 맞춰 비상대피훈련을 한다. 하지만 소방서 · 보건소 · 경찰서 등 외부 기관과 합동으로 진행하기도 한다. 늘 지나다니며 보기만 했던 소화전을 내 · 외부의 많은 사람이 보는 앞에서 직접 체결하고 호스를 펼치고 물을 분사하는 것이다. 체결부터가 말처럼 쉽지 않다는 것도, 더욱이 강한 수압과 무거운 호스를 지탱하는 게 힘든 일이라는 것도 직접 경험하는 것이다. 또한 비상연락망을 이용해 외부 기관에 상황 전파를 하는 게 가능한지 직접 확인해본다. 원활한 협업으로 준비한 시나리오 상황이 종료되면 우렁찬 박수와 함께 각자 사무실로 돌아간다. 이런 게 대부분 회사의 소방훈련 모습이다.

그러나 소방 관련 평가관 경험이 많은 분이 말하기를 소방훈련을 실질적으로 잘하는 회사와 보통 회사의 차이는 뚜렷하다고 한다. 그 차이는 그 훈련을 처음 기획한 사람이 주관하여 참석한 사람들과 바로 AAR을 진행하는 것이라고 한다. AAR은 '사후 검토(After Action Review)'의 약어로, 프로젝트 · 이벤트 책임자가 '더 잘 수행할 수 있는 방법'을 찾는 강평(Debriefing)을 말한다. 원래 미 육군이 개발했으며 현재 비즈니스에서도 활용되고 있다. 구글과 픽사 등 기발한 아이디어로 세계 1%가 된 조직의 비밀을 다룬 《최고의 팀은 무엇이 다른가》에도 소개되었다.

AAR은 최초 기획 단계에서 의도했던 예상치와 실제 달성된 결과를 명확히 비교하는 것에서 출발한다. 즉, 진행자가 참석 인원 모두에게 의견을 묻거나, 팀 리더가 선정한 특정 어젠다에 대해 집중적으로 논의하는 식이다. 그럼으로써 서로의 생각을 공유하고, 다음 훈련을 위한 개선 포인트를 찾는 교학상장(敎學相長)의 기회를 제공한다. 예를 들면, 소방훈련을 마친 후 AAR 구조에 맞는 다음과 같은 질문을 해보자.

① 우리가 의도한 결과는 무엇인가?

② 실제로 얻은 결과는 무엇인가?

③ 무엇이 이러한 결과를 초래했나?

④ 똑같은 순간이 오면 무엇을 할 것인가?

⑤ 무엇을 다르게 할 수 있겠는가?

다국적 기업인 F사의 비상대응훈련(Emergency Exercise and Drills) 방법은 다양하다. 시나리오를 제시하고 참가자가 대응 조치를 이야기하게 하는 가상훈련(What-If), 비상시 임무를 실습하는 실습훈련(Field Drill), 비상시 취할 조치 단계를 리뷰하고 가용한 외부 대응 인력을 포함하는 탁상훈련(Table Top), 가용한 외부 대응 인력을 포함시킨 다음 비상사태를 제시하고 단계별 각자 맡은 임무를 수행하는 전사기능훈련(Full Scale) 등으로 구분된다.

중국 출장 시 계열사의 안전보건담당자의 넋두리 섞인 이야기를 듣고 아주 대단하다고 여긴 경우가 있다. 고객인 G사는 협력사의 소방안전 관리 시스템을 감사(Audit)하고 있다. 몇 년 전에는 사전 통지도 않고 새벽에 협력사의 기숙사로 가서 화재 비상벨을 눌렀다. 깊은 잠에 빠진 인원들 중 얼마나 많은 인원이 정해진 시간 내에 엘리베이터가 아닌 계단으로 1층에 도착하는지 체크하는 것이다. 2017년부터는 계열사에 파견 · 상주하던 G사 직원들을 대상으로도 안전교육, 특히 소방 · 비상대피교육 실시 여부를 묻고 실제 참석 여부까지 재확인한다고 했다.

교육하느라 외부 기업을 방문할 때 정문에서 비상시 집결지를 알려주지 않는 회사가 대부분이었다. 그런 면에서 G사는 계열사 · 협력사 등에 갑질이 아닌 그들의 비즈니스 연속성, 즉 고객과의 약속을 지키기 위해 공급망 시스템(Supply Chain)을 현장에서 직접 확인 · 관리하는 기본적인 의무까지 다하고 있는 게 아니겠는가.

일전에 신문에서 이런 이야기를 봤다. 화재 현장에서 당신 아들만 나오지 못했다고 오열하던 어머니의 얘기였다. 그런데 죽었다고 생각했던 아들은 화재가 확산되기 전에 빨리 나와서 다른 곳에 있었다. 이렇듯 화재 · 지진 등 비상사태에 대비해 가족에게도 "1차 집결지는 ××슈퍼 앞, 2차 집결지는 ○○운동장"과 같이 명확히 알려줘야 하는 것이다.

✔ 팩트 체크

1. 소화기 · 소화전 · 완강기가 구비되어있고, 전 사원이 사용법 교육을 받았는지?
2. 심폐소생술 · 자동심장충격기(AED) 사용 교육을 실시하고 있는지?
3. 비상시 회사에서 설정한 1층 집결시간과 우리 회사의 1차 및 2차 집결지를 아는지?
4. 자체 인원은 물론 방문객에게도 화재 시 비상 집결지를 안내하고 비상대피훈련에 참석시키는지?
5. 외부와의 비상대피훈련 종료 후 사후 검토(AAR, After Action Review)가 이루어지는지?

6
회사 밖은 과연 안전할까?
[Off-the-job Safety]

우리는 평생 해온 경기에 대해 놀랄 만큼 무지하다.

_ 1950~1960년대 미국 뉴욕 양키스 야구팀에서 활약했던
전설적 스타플레이어 미키 맨틀

안전 분야를 처음 접한 시절부터 품은 의문이 있다. '안전을 분류하는 방식'이 그것이다. 우리나라에서는 일반적으로 산업안전, 생활안전, 연구실안전과 같이 장소로 구분한다. 그리고 산업안전의 경우 기계안전, 화공안전, 건설안전, 전기안전 등 세부적으로 나눈다.

안전과 관련하여 전 세계적으로 유명한 듀폰은 사업장(사무실을 포함한 사내)에서의 'On-the-job Safety(회사 안에서의 안전)'와 회사 밖에서의 'Off-the-job Safety(회사 밖에서의 안전)'로 구분한다. 'Off-the-job'에는 출퇴근 및 출장 · 회식 및 체육 행사 등 단체 행사가 포함된다. 특히 놀라운 것은 1950년부터 "사외 안전도 사내 안전과 동일하게 중요하다"고 기본 원칙에

명기하고서 사외 안전프로그램을 시행하고 있다는 사실이다. 우리의 현실은 어떤가? 이런 게 필요하다는 건 알지만 실행은 뒷전이 아닌가?

사례 1 | 뒷좌석 안전벨트의 소중함

기억나는 TV프로그램이 하나 있다. 제목이 〈양심냉장고〉였다. 우리나라 국민들의 교통안전문화 의식을 고취하려고 제작된 프로그램이었다. 주위에서 보는 사람들과 경찰관이 많은 주간에는 신호등과 정지선을 잘 지키지만 새벽, 특히 사람이 아무도 없는 시간대에는 얼마나 잘 지키는지 확인하자는 것이었다.

촬영팀과 MC 일행은 시간과 지역을 사전에 알려주지 않고 일정한 곳에 잠복한다. 아무도 없는 시간대에도 본인만의 철학을 가지고 차량정지선과 신호를 지키는 사람을 기약 없이 기다린다. 운이 좋게도 그런 분이 빨리 나타나면 인터뷰와 함께 냉장고를 선물하며 힘든 일정을 마감한다. 하지만 오래 잠복해도 허탕치는 경우도 많았다.

저자가 영업사원이던 1998년, 차량에 탑승하면 운전사 본인도 불편하다는 이유로 안전벨트를 안하는 것이 일반적이었다. 그런데 오늘날에는 누가 말하지 않아도 대개 안전벨트를 한다. 안전벨트가 곧 생명벨트라는 캠페인이 뿌리를 내린 건지, 아니면 범칙금 때문인지는 모르나 긍정적인 변화다. 2018년 9월 28일부터는 모든 도로에서 뒷좌석 안전벨트 착용 의무화가 전면 시행되기 시작했다.

저자는 외근이나 출장이 많아서 차를 운전하기보다 대중교통을 많이 이용한다. 그래서 급한 미팅이 있으면 택시를 이용하는데, 이때 기사분과 자주 보이지 않는 기싸움을 벌인다. 미팅 내용을 정리하기 위해 뒷좌석에 앉자마자 안전벨트 체결부를 찾아내 착용한다. 그럴 때마다 기사분은 자신의 운전 실력을 믿지 못하는 거냐는 듯한 편치 않은 기색을 보인다. 저자는 기사분이 혹시라도 마음을 상할까봐 "훌륭한 운전 실력을 가진 기사님도 안전벨트를 하는데, 저 또한 제 안전을 위해 뒷좌석 안전벨트를 하는 것일 뿐입니다"라고 얘기한다.

저자는 안전교육 담당자이자 국가에서 정책적으로 추진하는 뒷좌석 안전벨트 의무화에 동참하려는 소시민이다. 그런데 이런 눈치를 봐야 하다니…. 이러니 조직 내 안전수칙을 지키지 않는 사람에 대한 별다른 조치나 제재가 없는 '비정상의 정상화'가 벌어지는 것이 아니겠는가.

우리나라에 진출한 20개 글로벌 기업의 선진 조직문화를 소개한 책인 《기업문화가 답이다》를 읽고 직접 방문한 회사가 있다. 세계적인 정유회사와 합작투자(Joint Venture)로 설립된 곳인데, 한국에는 7명이 근무하고 있다. 안전에 대한 많은 이야기를 나누면서 특히 인상 깊게 들었던 내용은 차량에 관한 안전이었다.

중국 출장 시 택시를 탈 때 중국어가 적힌 종이카드를 먼저 택시기사에게 건넨 후 택시기사가 승낙한 경우에만 탑승을 한다고 했다. 카드에 적힌 내용은 '운전 중 휴대폰 OFF, 앞차와의 거리 유지, 뒷좌석에도 안전벨트'라고 써있다. 자기 차량 운전 시에는 '시동이 걸린 상태에서는 휴대폰 OFF(Engine on, Phone OFF)'라는 룰을 지킨다. 최근에는 경상북도 상주의 한국교통안전공단에서 운영하는 교통안전 체험교육센터를 방문해 뒷좌석 안전벨트를 착용하지 않았을 때 급브레이크를 하면 튕겨나가는 경우 등을 직접 체험함으로써 안전벨트의 소중함을 다시 한 번 인식했으며, 가족에게도 재교육시켰다고 한다. 덕분에 저자도 그때 이후 가족들에게 이를 전파해 뒷자석 탑승 시 안전벨트를 꼭 착용하게 했다.

사례 2 | 렌터카 비용 7천 원 절감과 바꾼 안전

2018년 1월 어느 금요일 밤, 비행기에 몸을 싣고 아이들 졸업 기념 가족 여행지인 제주도로 향했다. SNS로 봤던 이글루형 펜션에 짐을 풀고서 첫날을 보낸 뒤 2일차 이른 아침이었다. 렌터카의 계기판 중앙 좌측 부분 경고등에 불이 들어왔다. 렌터카 회사에 전화를 하니 협정된 카센타 직원을 연결해주었고, 다음 행선지인 ㅇㅇ월드 앞 주차장에서 만나기로 했다.

약속보다 5분 정도 늦게 도착한 서비스 직원이 차량 내 · 외부를 확인한다. 원인을 묻자 타이어의 공기압 부족을 알리는 경고등이 켜진 것이라고 했다. 해당 타이어는 지난번에 펑크가 나서 접착제를 발랐는데, 접착력이 약해져 그런 것 같다고 했다. 서비스 직원은 수리를 마치고 사라졌다.

아이들이 ㅇㅇ월드 리조트에 있는 놀이기구를 타며 재미있는 시간을 보내는 동안, 그곳 사장인 선배와 차를 마시며 많은 이야기를 했다. 자연스럽게 제주도 렌터카 사업에 대한 이야기도 들었다. 예전에는 제주도의 삼다(三多)라고 하면 바람 · 여자 · 돌을 떠올렸지만, 지금은 중국 · 동남아시

아를 비롯한 외국인 관광객이 많아서 농담 삼아 외국인 · 돈(숙소) · 차(렌터카)를 떠올린다고 했다. 특히 제주도에는 렌터카 업체가 3천여 개나 있어서 제 살 깎아먹기식 출혈경쟁이 벌어진다는 것이다. 10여 년간 제주도에서 리조트를 운영해온 선배는 다른 회사보다 7천 원 더 받는 렌터카 사장과 나눈 얘기를 해주었다.

대부분의 렌터카회사는 차량 회전율을 높이려고 차량 정밀점검 없이 외관만 확인 후 공항에서 인수인계하고 새로운 주인에게 건낸다. 반면 선배가 말한 J사는 고객의 안전을 위해 정밀점검은 물론, 차량에 문제가 있는 경우 직원이 직접 현장에 출동해 사후 처리까지 완벽하게 해준다는 것이다. 3일간의 여행 후 렌터카회사에 차를 반납하면서 선배의 말이 실제로 벌어지는 것을 목격했다.

차를 반납 받은 직원은 "사고 난 적 있나요?"라고 묻는다. "사고는 없었는데, 어제 아침 공기압 이상으로 A/S를 받았어요. 오늘 아침에도 또 불이 들어왔고요"라고 얘기하자, 직원은 "원래 겨울철이라" 그렇다고 하면서 차 키를 받고 어디론가 빨리 사라졌다. 차량 전문가에게 물어보니 한쪽 타이어에서만 공기압이 빠지는 경우는 흔치 않다고 한다. 결국 저자의 정보 부족으로 불과 7천 원과 가족의 안전을 바꾼 셈이 아니었던가 반성했다.

안전하면 가장 많이 회자되는 기업인 듀폰은 1950년부터 업무 중의 안전은 물론 업무 외에서의 안전도 강조하며 지속적으로 관리하고 있다. 사내에서 운전하려면 공식적인 면허증과는 별도로 이론 · 실기(안전운전, 방어운전, 비정상 기상 조건에서의 운전 요령, 비상시 대책, 자동차 점검 의무 및 주기적인 감사 등 특별 고려 사항)에 대한 시험에 합격해야 한다. 또한 이렇게 합격해도 사내 운전면허를 주기적으로 갱신해야 한다.

물론 업무상 차량 운전 시 안전벨트를 착용하지 않은 행위를 "사고가 나지 않더라도 규정 위반 시 엄격하게 조치하는 불안전한 행위로 보고 사전 징계(Life Saving Rule)"하는 대상으로 오랫동안 정해왔다. 자동차를 몰고 회사 · 사업장으로 출근하면서 교통 신호를 무시하고 운전하던 사람이 회사 정문을 통과하면서 회사의 규정대로 운전할 리는 없을 것이니 말이다.

듀폰에서는 출장 기간에 호텔 투숙 시 안전에 포함된 '생존을 위한 체크리스트'도 교육한다. 예를 들면, 체크인 시 가급적 3층 아래의 방 이용을 권장한다. 화재가 나면 어떻게 그 상황을 알려주는지를 포함한 비상탈출 관련 세부 확인도 해야 한다. 즉, 방문에서 가장 가까운 비상구 · 비상벨 위치, 비상구까지 도보로 거리 측정, 복도의 장애물 유무 확인, 창문 개방 · 파쇄 방법, 방 열쇠와 안경을 스탠드 곁에 두는 것 등이다. 듀폰이 직원들의 안전을 얼마나 소중히 여기는지 이로써 알 수 있다.

✔ 팩트 체크

1. 회사 · 사업장에서 관리하는 안전 목표에 회사 밖에서의 안전과 관련된 활동이 포함되는지?
2. 회사 밖에서 안전의식을 확보하기 위한 활동으로는 무엇이 있는지?
3. 해외 출장자나 장기 파견자를 대상으로 하는 (특별) 안전교육이 실시되는지?

제5장

증(證)의 안전 관리

비로소 깨달음이 열린다!

작은 일도 무시하지 않고 최선을 다해야 한다.
작은 일에도 최선을 다하면 정성스럽게 된다.
정성스럽게 되면 겉으로 드러나고,
겉으로 드러나면 이내 밝아진다.
밝아지면 남을 감동시키고,
남을 감동시키면 이내 변하게 되고, 변하면 생육된다.
그러니 오직 세상에서 지극히 정성을 다하는 사람만이
나와 세상을 변하게 할 수 있는 것이다.

_ 영화 〈역린〉에 나오는 《중용》의 23장

1
자리이타(自利利他)
빨리 가려면 혼자 가고, 멀리 가려면 함께 가라

[You]

> 내가 어떤 사람으로 기억되기를 바라는지 질문하면서 세상의 변화에 발을 맞추고, 다른 사람의 삶에 변화를 일으킬 수 있어야 한다. _ 피터 드러커

안전은 개인과 조직 모두가 가야 할 머나먼 여행이다. 2장부터 4장까지 언급했듯이 안전에 대한 굳은 신념(信)을 가지고서 개인의 역할과 직무에 대해 정확히 이해(解)하고, 안전문화를 향상시키기 위해 실행(行)하려는 의지가 충만해야 한다.

막상 현업에서 '넛지' 효과처럼 부드러운 개입으로 변화를 시도하더라도 실행력을 배가할 방법도 찾아야 한다. 이런 고민을 하던 중 D 그룹의 임원을 만나면서 실마리를 붙잡았다. 그 임원은 이렇게 말했다.

안전에 대한 마인드 함양과 직군 전문성 제고를 위해 운영된 입문 과정(4

박 5일)과 심화 과정(2박 3일)을 혹자는 길다고 느낄 수 있다. 그러나 변화하는 법률 · 법규에 맞춰진 회사의 대응 계획을 수립하고 조직의 변화를 이끌어내기 위한 '변화 관리'를 하기에는 짧다. 교육 마지막 시간에는 교육기간에 학습한 내용과 우수사례를 바탕으로 개인 실행 계획도 작성해야 한다. 지난 3년간 교육이수자들이 작성한 실행 계획을 보면 현장 방문 기회 확대가 가장 많고, 그 다음이 현업(생산 공정)에 대한 학습, 현업 사건 · 사고 데이터 활용을 통한 시사점 도출 등에 관한 것이었다. 이렇게 수립된 실행 계획을 현업에서의 성과로 이어지게 하기 위한 팁을 그 임원은 다음과 같이 소개했다.

첫째, 실행의 우선순위를 정한다.

실행 계획을 수립하려면 다양한 항목을 이끌어내야 한다. 그리고 이러한 항목들을 그룹핑하거나 파레토 법칙으로 우선순위를 정한다. 그룹핑이란 개인 · 조직 · 시스템 단위 혹은 4M에서와 같이 인적, 기계적, 작업 방법, 경영 시스템 등으로 구분하는 방식이다. 물론 회사의 HSE 중장기 전략과 연계시킨다면 금상첨화다. 개인 단위에서 실행 아이템 수는 2~3개로 설정하되, 조그마한 것이라도 성공시키는 체험을 해보는 것이 중요하다.

둘째, 실행 계획에 대한 목표 수준을 수립한다.

선정된 항목에 대해 "최선을 다해 반드시 달성하겠습니다!" 같은 일반적이고 모호한 것은 지양한다. 과거에 벌어진 일을 기반으로 한 혹은 선진적 사례 수준의 데이터를 수집해 객관성을 확보하려는 노력이 필요하다. 미국 미시간 대학교 경영대학 교수이자 긍정조직학센터의 공동창설자인 킴 캐머런 교수의 《긍정조직, 어떻게 만들것인가?》에 소개된 SMART라는 원칙을 적용해보자. SMART는 구체성(Specific), 측정 가능성(Measurable), 정렬성(Aligned), 실현 가능성(Realistic), 시간제한성(Time-Bound)의 약어다. 즉, 구체적이며 측정 가능하고 실현도 가능한 정렬된 목표를 정해진 시간 내에 달성해야 한다는 것이다.

결국, 조직의 잠재력 발휘를 통한 성과 향상을 도모하려면 쉽고 일반적인 목표를 설정하기보다 수행을 위한 동기를 부여하기 위한 스마트하고 도전적인 목표(Strech Goals)를 설정해야 한다.

용어	구체적인 의미	반대
구체성 Specific	구체적인 목표는 명료한 수행 표준이나 수준을 제공하며, 일반적인 목표보다 정확하고 자세해서 성취 가능성이 높다	일반적
측정 가능성 Measurable	측정 가능한 목표는 명료하게 평가될 수 있고, 정량화될 수있다	모호성
정렬성 Aligned	정렬된 목표는 조직의 목적과 일치하며, 조직의 지지도 얻을 수 있다	무관계성
실현 가능성 Realistic	목표는 실제로 달성하기 어려울 수 있지만, 불가능한 것은 아니니 최선을 다해야 한다	달성하기 어려운
시간제한성 Time-Bound	시간이 정해지지 않은 목표는 그 목표가 달성될지에 대한 현실감 없이 무한정 계속될 수 있다	시간 제한이 없는

셋째, 변화 관리 전략을 수립한다.

수립된 실행 계획과 선정된 목표 수준에 대해 주변 동료를 포함한 이해관계자들의 반응, 그러니까 찬 · 반(Pros & Cons)을 확인하는 것이다. 사회심리학의 개척자 쿠르트 레빈이 장이론(Field Theory)으로 주장했듯이, 인간의 행동(Behavior)은 지능 · 성격 같은 개인적 특성(Person)과 물리적 · 사회적 환경(Environment)의 함수로 나타낼 수 있다. 그러한 요소들로부터 영향을 받아 달라지기 때문이다.

회사명	
팀원	
회사별	주요 내용 및 실행 계획 (What / Who / When)
변화 관리 전략	예상되는 어려움/필요한 자원

위의 표와 같이 수립된 계획 · 목표를 달성하기 위해서는 예상되는 어려움과 이를 극복하기 위한 변화 관리 계획을 사전에 수립해야 한다. 그렇지 않으면 성공을 담보하기 어렵다. 물론 이해관계자에게 사전 요청할 사항도 포함해야 한다.

《나는 왜 이 일을 하는가?》의 저자인 사이먼 사이넥은 다른 사람에게 통찰력(Insight)을 주는 리더와 놀라운 성과를 올리는 기업은 자신이 왜 그 일을 하는지 먼저 말한다고 한다, 따라서 이들에게는 '무엇'을 하는지, '무엇'을 만드는지는 그리 중요하지 않다고 이야기한다. 통상적으로 대부분의 기업이 외부에서 내부를 지향하는 반면, 애플의 마케팅 메시지는 내부에서 시작해 외부로 통한다고 이야기한다. 그럼, 이를 조직에 대입해보면 "왜 사는가?"에 해당되는 것은 믿음이나 목적, 존재 이유와 같은 '미션'일 것이다. "어떻게 살 것인가?"는 "왜 사는가?"를 실현하기 위한 행동, 즉 구성원의 공통적인 행동의 기준이 되는 '핵심 가치'일 것이다. "무엇이 될 것인가?"는 행동의 결과물을 나타내는 '비전'과도 같다고 할 수 있다.

계단을 내려오면서 휴대폰으로 문자를 보내는 동료의 불안전한 행동과,

높은 곳에서 작업 시 안전대를 걸지 않거나, 화기 작업 시 주변에 방염포나 소화기가 없는 불안전한 상태를 발견했다면 당신은 어떻게 할 것인가? 다양한 선진 기법과 문제 해결 프로세스가 갖춰졌더라도 구성원들의 마음속에 '왜(Why)'가 없다면 어떻게 될까?

일시적으로 눈에 보이는 성과가 과연 계속 좋을 수 있을까? 안전 한 행동 그리고 안전한 상태를 지속하려면 마음속 깊은 곳에 있는 그 무엇을 작동시켜야 한다. 예를 들면, "당신에게 안전은 무엇입니까?"라는 질문을 던져보는 것이다.

창업한 지 120여 년 된 대기업이 있다. 재해율을 우리나라의 산업재해 기준을 넘어 미국 직업안전위생국(OSHA)의 기준인 '한 바늘 이상 봉합' 등의 기준으로 관리하는 회사다. 그 회사는 전 세계에 있는 임직원들을 대상으로 매년 아래와 같은 설문을 실시하여 구성원들의 목소리를 청취한다. 그럼으로써 총재해율과 경영 이익의 상관성을 분석해왔다.

설문 항목은 "우리 회사는 생산 또는 수익을 위해 EHS 가치와 타협하지 않는다"와 "나는 안전을 촉진하는 환경에서 근무하고 있다" 같은 단 2개다.

"빨리 가려면 혼자 가고, 멀리 가려면 함께 가라"는 아프리카의 속담처럼 이 대기업이 보는 안전이란 혼자만이 아닌 가족 · 동료 그리고 주변의 이해관계자와 함께하는 것이다. "당신이 있기에 내가 있고, 우리가 있기에 내가 있다"인 것이다.

2
할 때는 팍, 쉴 때는 푹
[Resilience]

왜 달리는지 어디를 향해 달리는지 당신은 알고 있는가?
어디로든 가고 싶다면 먼저 자신이 어디로 가고 싶은지부터 알아야 한다.
인생에서 바라는 걸 이루고 싶으면 자신의 소신을 먼저 파악해야 한다는 뜻이다.
언뜻 듣기에는 간단한 일 같지만 성공은 내가 누구이고 어떤 생각을 가지고 있는 사람인지 아는 데서 시작하고 끝난다.

_ 티나 산티 플래허티의 《워너비 재키》에서

우리나라 직장인의 연간 근로시간은 2,071시간으로 OECD(경제협력개발기구) 가입 국가 중 멕시코에 이어 2번째다. 자살율은 2015년까지 12년 연속 OECD 국가 중 1위였다. 이러한 현실의 해소를 국정과제의 안전 부문에 대한 내용에 포함시킨 것은 물론, 2022년까지 3대 중대 사고 50% 감소를 중기적 목표로 설정하기까지 했다.

2016년경부터 "일과 삶의 균형을 찾자"는 '워라밸'도 회자되어왔다. 2014년 10월에는 처음으로 '멍 때리기 대회'가 열리기도 했다. 즉, 힘든 일상에서 벗어나 정신적 충전을 위한 자기만의 시간을 갖자는 것이다. OECD 국가 중 일하는 시간이 가장 많은 나라이고, 무한경쟁에서 도태되지 않기 위해 열심히 일하다 보면 결국 스트레스가 쌓이고 건강을 해치게 된다. "미래의 행복을 위해 오늘을 희생하지 말라"는 이야기가 받아들여지는 이유이기도 하다. 이와 관련하여, 해외 사업장의 HSE 인원들까지 참석해 자사의 우수사례와 고민을 공유하는 EESH 컨퍼런스에서 만났던 어느 보건 전문가의 이야기를 들려주겠다.

우리나라에서는 산업재해 피해자가 약 9만 명이며, 이 중 업무상 질병자가 8.8%라고 한다. 업무상 질병의 경우 사고성 재해보다 근로 손실 일수가 3.7배나 높다. 손실액 면에서도 사고에는 1300만 원이 소요되나 업무상 질병에는 1890만 원이 소요된다고 한다. 이에 따라 산안법에 명시된 보건관리자의 직무는 크게 근로자의 건강 관리, 건강 증진, 작업 관리, 작업 환경 관리 등 14개가 되었던 바, 여기서 더 확장될 필요가 있다.

① 근로자의 건강 관리: 응급처치, 의약품 투약, 건강 진단 및 사후 관리, 직업병 예방

② 건강 증진: 건강 관련 상담과 보건교육, 직무스트레스 관리

③ 작업 관리: 교대근무 관리, 작업 자세 지도, 작업대 개선, 장년 근로자 관리

④ 작업 환경 관리: 작업장 순회, MSDS 관리, 보호구 착용 지

도, 작업 환경 측정 관리

그렇다면 '건강'을 어떻게 정의할 수 있을까? 근본적으로는 "신체에 병이 없거나 아프지 않는" 것이다. 그러나 최근에는 직무스트레스 등과 같은 '정신적' 부분은 물론, '개인적' 혹은 구성원들과의 관계에서 나타나는 '사회적' 부분도 포함하는 추세다. 그래서 '정신건강'이라는 용어도 등장한 것이다. 세계보건기구(WHO)에서는 '정신건강'을 "일상생활에서 언제나 독립적 · 자주적으로 일을 처리해나갈 수 있고, 질병에 대해 저항력이 있으며, 원만한 가정 · 사회생활을 할 수 있는 상태이자 정신적 성숙 상태"라고 정의한다.

정신건강이 기본적인 인권에 관한 것으로 인정을 받으면서 '정신보건법'도 제정됐다. 정신보건법은 정신적 장애를 예방하고, 그러한 장애를 가진 사람의 인권을 배려 · 치료하며, 회복하여 사회 공동체로 복귀할 수 있도록 정신건강을 유지 · 증진시켜주는 것을 포함한다.

우리나라 성인 인구의 10%와 취업연령 인구의 15%가 정신장애를 앓는다고 한다. 또한 정신건강과 관련된 직 · 간접적 비용은 우리나라 GDP의 4% 이상으로 추정된다.

미국 국립 산업안전보건 연구원(NIOSH)이 제시한 '직무스트레스 모델(Model of Job Stress)'과 같이 "근로자가 직무를 수행하는 과정에서 자신이 보유한 능력 · 자원보다 더 큰 것이 요구되면 해로운 신체적 · 정서적 반응이 나타난다"고 한다. 즉, 직무스트레스의 발생 요인은 직장의 물리적 환경과 직무에 대한 불안정성, 과도한 업무량과 의사결정 권한, 직장 내 상사 · 동료와의 갈등, 회사의 조직문화 특성 등 다양하다.

그래서 개인 · 조직의 감정 상태를 평가 · 관리할 수 있도록 안전보건공단이 개발 · 보급 중인 '한국형 감정노동 측정 도구'와 '직무스트레스 측정 도구'가 있다. '한국형 감정노동 측정 도구'는 감정 조절 노력 및 다양성, 고객 응대에 따른 과부하 및 갈등, 감정 부조화 및 손상, 조직 감시 · 모니터링, 조직의 지지 및 보호 시스템 등 5개 영역으로 구성된다. '직무스트레스 측정 도구'는 근로자 개인이나 직장 내 조직의 집단적 스트레스 수준을 평가하기 위해 물리적 환경, 직무상의 요구, 직무상의 자율성, 관계상의 갈등, 직무 불안정, 조직 시스템, 보상 부적절, 직장문화 등 8개 영역으로 구성됐다.

사업장의 보건관리자는 이 2가지 측정 도구로 회사문화에 맞는 후속 프로그램을 개발해야 한다. 특히 직무스트레스 요인에 대한 기본 평가는 남자와 여자로 구분한 뒤 본인과 회사의 평균을 비교하거나 참고치를 활용해 퍼센타일(하위 25%, 하위 50%, 상위 25%, 50%)로 구분한다. 그럼으로써 한국인의 성별 평균을 기준으로 자신의 위치를 좀 더 객관적으로 볼 수 있도록 자료를 제공한다.

전쟁에 나갔던 군인, 화재 진압을 위해 출동했던 소방관, 화재 당시 폭발 등 중대 재해가 발생된 사업장의 근로자 같은 경우 외상 후 스트레스 장애(PTSD, Post-Traumatic Stress Disorder)를 겪는 경우가 많다. 외상 후 스트레스 장애란 신체적 손상과 생명의 위협을 받은 사고를 겪으면서 정신적 외상을 받은 뒤 나타나는 질환으로, 통상 '트라우마'라고 한다. 주로 화재 · 전쟁 · 폭발 같은 중대 사고, 천재지변, 비행기 · 기차 사고, 성폭행 등을 겪은 뒤 발생한다. 개인에 따라 증상이 나타나는 시기가 다르며, 1개월 이상 지속되면 '외상 후 스트레스 장애'라고 하고, 증상이 1개월 안에 일어나고 지속 기간이 3개월 미만이면 '급성 스트레스 장애'라고 한다.

이러한 현상을 반영하듯이 최근 마음건강복지관 혹은 힐링센터를 운영해 구성원들의 건강을 적극적으로 개선하려는 회사가 많아지고 있다. 그러나 각 회사 고유의 문화에 대한 이해도를 고려하면 외부 인원보다 회사 · 사업장 내 보건관리자가 더 잘 할 수 있을 것이다. 물론 외부의 심리 상담 전문가와 함께 힐링 프로그램이나 조직 관리 프로그램을 운영하기 위한 직무스트레스 관리 기법을 습득하거나, 감정노동자 관리 자격을 확보하려는 조직 차원의 인적 자원 역량 향상 계획도 뒷받침되어야 할 것이다.

한국인 직무스트레스 측정 도구 (26개 항목)

영역	설문 내용	전혀 그렇지 않다	그렇지 않다	그렇다	매우 그렇다
물리 환경	내 일은 위험하며 사고를 당할 가능성이 있다	1	2	3	4
	내 업무 중에는 불편한 자세로 오랫동안 일을 해야 한다	1	2	3	4
직무 요구	나는 일이 많아 항상 시간에 쫓기며 일한다	1	2	3	4
	업무량이 현저하게 증가했다	1	2	3	4
	업무 수행 중에 충분한 휴식(짬)이 주어진다	4	3	2	1
	다양한 일을 동시에 해야 한다	1	2	3	4
직무 자율	내 업무는 창의력을 필요로 한다	4	3	2	1
	내 업무를 수행하기 위해서는 높은 수준의 기술 · 지식이 필요하다	4	3	2	1
	작업 시간, 업무 수행 과정에서 나에게 결정할 권한이 주어지며, 영향력을 행사할 수 있다	4	3	2	1
	내 업무량과 작업 스케줄을 스스로 조절할 수 있다	4	3	2	1
관계 갈등	내 상사는 업무를 완료하는 데 도움을 준다	4	3	2	1
	내 동료는 업무를 완료하는 데 도움을 준다	4	3	2	1
	직장에서 내가 힘들 때 내가 힘들다는 것을 알아주고 이해해주는 사람이 있다	4	3	2	1
직무 불안정	직장 사정이 불안해 미래가 불확실하다	1	2	3	4
	내 근무 조건 · 상황에 바람직하지 못한 변화(예. 구조조정)가 있었거나 있을 것으로 예상된다	1	2	3	4
조직 시스템	우리 직장은 근무 평가와 인사 제도(승진, 부서 배치 등)가 공정하고 합리적이다	4	3	2	1
	업무 수행에 필요한 인원 · 공간 · 시설 · 장비 · 훈련 등의 지원이 잘 이루어지고 있다	4	3	2	1
	우리 부서와 타 부서 간에는 마찰이 없고 업무 협조가 잘 이루어진다	4	3	2	1
	일에 대한 내 생각을 반영할 수 있는 기회와 통로가 있다	4	3	2	1
보상 부적절	내 모든 노력과 업적을 고려할 때, 나는 직장에서 제대로 존중과 신임을 받고 있다	4	3	2	1
	내 사정이 앞으로 더 좋아질 것을 생각하면 힘든 줄 모르고 일하게 된다	4	3	2	1
	내 능력을 계발하고 발휘할 수 있는 기회가 주어진다	4	3	2	1
조직 문화	회식자리가 불편하다	1	2	3	4
	기준이나 일관성이 없는 상태로 업무지시를 받는다	1	2	3	4
	직장의 분위기가 권위적이고 수직적이다	1	2	3	4
	남성(여성)이라는 성적 차이 때문에 불이익을 받는다	1	2	3	4

산출공식

① 물리 환경, 직무 불안전성 점수 = [(본인 점수)−2]/6×100

② 관계 갈등, 보상 부적절 점수 = [(본인 점수)−3]/9×100

③ 직무 요구, 직무 자율, 조직 시스템, 조직문화 점수 = [(본인 점수)−4]/12×100

한국인 직무스트레스 요인 점수 참고치(단축형)

항목	남자				여자			
	하위 25%	하위 50%	상위 50%	상위 25%	하위 25%	하위 50%	상위 50%	상위 25%
물리 환경	33.3 이하	33.4~44.4	44.5~66.6	66.7 이상	33.3 이하	33.4~44.4	44.5~55.5	55.6 이상
직무 요구	41.6 이하	41.7~50.0	50.1~58.3	58.4 이상	50.0 이하	50.1~58.3	58.4~66.6	6607 이상
직무 자율	41.6 이하	41.7~50.0	50.1~66.6	66.7 이상	50.0 이하	50.1~58.3	58.4~66.6	66.7 이상
관계 갈등	−	33.3 이하	33.4~44.4	44.5 이상	−	33.3 이하	33.4~44.4	44.5 이상
직무 불안정	33.3 이하	33.4~50.0	50.1~66.6	66.7 이상	−	33.3 이하	33.4~50.0	50.1 이상
조직 시스템	41.6 이하	41.7~50.0	50.1~66.6	66.7 이상	41.6 이하	41.7~50.0	50.1~66.6	66.7 이상
보상 부적절	33.3 이하	33.4~55.5	55.6~66.6	66.7 이상	44.4 이하	44.5~55.5	55.6~66.6	66.7 이상
직장 문화	33.3 이하	33.4~41.6	41.7~50.0	50.1 이상	33.3 이하	33.4~41.6	41.7~50.0	50.1 이상

직무스트레스로는 무기력해지거나 권태감 때문에 나태해지는 '러스트아웃(Rust Out)'도 있고, 스트레스가 너무 높아 소진되는 '번아웃(Burn Out)'도 있다. 이런 상태가 오지 않게 하려면 본인만의 스트레스 해소 방법에 대한 고민이 필요하다. 이러한 직무스트레스에 오랫동안 지속적으로 노출되면 소화불량 · 근육통 등 각종 질병에 걸릴 수 있다. 따라서 직무스트레스의

원인을 제거하고 완화시키기 위한 취미생활이나 건강 증진 프로그램으로 심신의 균형감을 찾으려는 노력이 필요하다.

'회복탄력성(Resilience)'이란 다양한 역경 · 시련 · 실패를 도약의 발판으로 삼아 더 높이 튀어 오르는 마음의 근력이다. 물체마다 탄성이 다르듯 사람마다 회복탄력성이 다르다. 역경으로 인해 밑바닥까지 떨어졌다가도 강한 회복탄력성으로 튀어 오르는 사람은 대개 원래 있던 위치보다 더 높은 곳까지 올라간다.

지속적인 발전이나 커다란 성취를 이뤄낸 개인 · 조직은 강력한 회복탄력성으로 실패 · 역경을 딛고 일어섰다는 공통점이 있다. 따라서 불행한 사건이나 역경에 어떤 의미를 부여하느냐에 따라 오히려 더 행복해질 수도 있는 것이다. 세상 일을 긍정적으로 받아들이는 습관을 들이면 회복탄력성은 놀랍게 향상된다고 한다.

우리나라 사람들의 회복탄력성 지수는 스스로의 감정 · 충동을 잘 통제할 수 있는 자기조절력, 주변 사람들과 건강한 인간 관계를 맺을 수 있는 대인관계력, 긍정적 정서를 유발하는 습관 등 3가지 요소와 각각 3가지 하위요소를 포함하여 모두 9가지 요소(53개 문항)로 구성되어있다. 그 내용은 다음과 같다.

① 자기조절력 = 감정조절력 + 충동통제력 + 원인분석력

② 대인관계력 = 커뮤니케이션 능력+ 공감 능력 + 자아확장력

③ 긍정성 = 자아낙관성 + 생활만족도 + 감사

저자의 경우 스트레스가 많던 2001년부터 몸과 영혼의 건강을 위해 달리기를 시작했다. 달리기의 장점은 오롯이 나 자신과 대화할 수 있다는 점과, 시간 · 장소에 제약을 받지 않는다는 점이다. 일본 소설가 무라카미 하루키는 소확행(小確幸, 소소하지만 확실한 행복)이라는 표현을 소개했다. 하루키는 집중력 · 지속력을 유지하기 위해 달리기를 시작했고, 심지어 철인 3종 경기에도 출전할 수 있게 되었다고 한다.

저자는 대학교 3학년 때부터 학군 사관 후보생 생활을 시작했다. 그때 저자가 속한 대학교 학군단의 구호가 "할 때는 팍, 쉴 때는 푹"이었다. 골프나 야구 같이 스윙이 필요한 운동에 대한 코칭을 받을 때 가장 많이 듣는 이야기도 "팔에서 힘을 빼라"는 말이다. 힘을 뺄 때와 넣을 때가 있다는 경우를 머리로는 잘 이해해도 정작 몸은 내 의지와 무관하게 반대의 행동을 하는 경우가 많다. 안전도 같은 맥락이리라.

리더십 저술가인 제임스 쿠제스는 《리더십 챌린지》에서 행복을 다음과 같이 정의했다.

"행복은 주관적이며, 조건이 주어진다고 행복해지는 것은 아니다."

그럼 행복해지려면 무엇이 필요할까? 쿠제스는 '연습'과 '기술'이라고 했다. 저자는 여기에 더해 당신의 멘토(Mentor)를 선정하라고 추천드린다. 멘토란 현명하고 성실한 상담자 · 후견인을 뜻하는 말로, 그리스 신화의 트로이 전쟁 이야기에서 유래했다. 이타카 왕국의 왕 오디세우스는 아들인 텔레마코스를 절친한 친구인 멘토르에게 맡기고 트로이 전쟁에 나갔다. 멘토르의 가르침 덕에 텔레마코스는 훌륭히 성장하여 트로이 전쟁을 끝내고 귀국한 아버지가 악당들로부터 나라를 되찾는 걸 도왔다.

일상에서 누군가에게 쉽게 말할 수 없는 고충이 있다면 풍부한 경험과 지혜로 조언해줄 신뢰할 만한 자기만의 멘토를 찾아보길 바란다. 당신의 멘토, 정신적 스승님은 지금 어디에 계실까?

✔ 팩트 체크

1. 당신을 포함한 조직의 건강 지수는 얼마인지?
2. 구성원(조직)의 건강 증진을 위한 프로그램이 있는지?
   - 직무스트레스 요인 평가 · 대처 방법
   - 정신건강(특히, 정신적 산업재해인 감정노동)을 위한 대책
3. (해외 파견자 포함) 건강 검진 수검율은 얼마나 되는지?
4. 건강 검진 결과를 활용 · 개선하기 위한 아이템 · 대책이 수립되어있는지?
5. 외상 후 스트레스 장애(PTSD) 극복 프로그램이 있는지?

3
적자생존(적는 자만이 살아남는다)
[Investigation]

> 우울증에 시달렸던 베토벤은 심지어 비가 억수같이 쏟아지는 날에도 우산이나 모자를 쓰지 않은 채 성곽의 큰 공원을 산책했다. 산책하지 않으면 새로운 아이디어가 떠오르지 않았기 때문이다. 루소와 에머슨, 키르케고르는 산책할 때 반드시 작은 노트를 챙겼다고 한다. 걷다가 생각이 떠오르면 기록하기 위해서였다. _ 언론인 김상운의 《왓칭》에서

미국인들의 존경을 받는 제3대 대통령 토머스 제퍼슨을 기념하려고 만든 '제퍼슨 기념관'의 상징과도 같던 기둥이 부식되기 시작했다. 대대적인 공사를 진행하기 전에 문제의 근본 원인을 찾기 위해 '5 Why 기법'을 사용했다. 분석 결과 기둥 부식의 근본 원인은 제퍼슨 기념관의 조명을 좀 이른 시각인 해 질 녘에 켜놓은 탓에 나방이 너무 많이 모여들었기 때문이라는 새로운 사실이 밝혀졌다. 그러니까 ① 조명이 켜진다, ② 나방이 모

여든다, ③ 나방을 잡아먹는 거미가 모여든다, ④ 거미를 잡아먹는 비둘기가 모여든다, ⑤ 비둘기똥을 청소하느라 독한 세제를 쓰니까 기둥이 부식된다는 것을 "왜?(Why?)"라는 질문 5개로 파악한 것이다. 이처럼 표면적으로 보이는 사고의 원인을 규명할 때 지속적으로 물질적 원인(Physical Cause), 인간적 원인(Human Cause), 시스템적 원인(System Cause) 등을 포함해 5단계로 나눠 스스로에게 물어보는 것이 중요하다.

외국계 화학회사인 D사와 합자한 회사에서 10년 이상 근무했던 분과 이야기를 나누었다. 그분이 말하기를 그 외국계 합자회사가 우리나라 회사와 다른 것 중 하나가 '사고 조사 프로세스'라고 했다. 우리나라 회사에서 사고가 발생한 경우 사고 유발자나 생산 부문을 제외하고서 사고 조사가 실시되는 경우가 많다. 반면 바로 그 외국계 합자회사에서는 해당 공정의 인원이 참석하고, 사고 당사자도 육체적 · 정신적으로 회복되면 정확한 사고 발생 원인을 파악하고 재발 방지 대책을 수립하기 위해 참석시킨다는 것이다. 또한 하인리히 법칙에서와 같이 사람으로 인한 불안전한 행동의 비중이 많기에 4M 방법론에서 말하는 인적(Man) 요인보다는 기계 · 설비(Machine)와 작업 방법(Method)에 대한 시스템적 개선에 집중한다고 했다.

"인간은 실수하고, 신은 이를 용서한다"는 요한 볼프강 폰 괴테의 말처럼 사람은 본래 실수한다는 불편한 진실을 항상 생각하고 있는 듯하다.

또 하나의 사례는 영화에서 찾아보고자 한다. 2009년 허드슨강에 불시착한 US 에어웨이스 1549편 여객기를 소재로 한 영화 〈설리: 허드슨강의 기적〉이 그것이다. 비행 경력이 41년이나 된 베테랑 조종사의 실제 사고를 다룬 영화다. 승객 150여 명을 태우고 비행하던 중 갑작스러운 위기 상황에서 의사결정을 내려야 한다. 당장 2가지 안이 떠오르는데, 당신이라면 어떤 결정을 내릴 것인가?

기장은 208초 후 강에 비상착륙하기로 결정했고, 24분만에 승객 모두를 구조했다. 그러나 강에 착륙했다는 결과를 놓고 조사가 시작됐다. 208초간 있었던 일을 무려 1년 반 동안 조사했고, 올바른 판단이었다는 결론이 발표됐다. 미국 예일 대학교 사회학과 교수 찰스 페로의 《무엇이 재앙을 만드는가?》에는 그 조종사의 인터뷰 중 다음과 같은 내용이 소개되어있다.

"우리는 항상 준비되어있어야만 하며, 위기에 대비해야 합니다. 그리고 항상 예민하게 주의를 기울여야 합니다. 예상하지 못할 것을 예상하고, 그에 효과적으로 대응하는 것이 모든 여객기 조종사의 일상이 되어야 합니다. 저는 지난 42년간 일정하게 조금씩 저축을 해왔다고 말할 수 있습니다. 그 저축은 교육 · 훈련 · 경험입니다. 그것들이 모여 사용할 수 있을 만큼 큰 액수가 된 것입니다. 그리고 2009년 1월 15일 저는 예기치 않게 한꺼번에 그 돈을 인출했습니다."

무엇이 이러한 차이를 만들었을까?

핵무기 관련 시설, 항공모함, 원자력 발전소, 비행기 관제소는 한 번 사고가 발생하면 큰 위험이 나타난다. 그래서 요구되는 안전기준이 타 산업에 비해 매우 높다. 앞서 소개한 영화에 나온 사고 조사는 조종사의 판단이 적절했는지에 대해 1년 반 동안 다양한 배경을 가진 인원이 다양한 각도에서 설정된 가설을 하나둘씩 검증하는 식으로 이루어졌다. 그렇다면 우리 조직의 사고 조사는 어떤 프로세스로 이루어지는가? 사안에 따라 다르겠지만 대개 몇 개월만에 완결된다.

그러니 사고 조사 절차에 대한 근본적 고민이 필요한 것이다. 일단 사고 조사에 참여하는 인원들에 대한 질적 접근이 고려되어야 한다. 즉, HSE 분야에 대한 경험이 많은 인원은 물론 현장관리 · 감독자, 직장(반장)들이 통상 참석해야 한다. 가능하다면 상해가 일어난 공정의 다른 작업자와 협력사 인원도 사고 조사에 직접 참여시켜 안전의식을 높이는 기회를 마련해야 한다. 또한 사고 조사뿐만 아니라 중대 사고로 이어질 가능성이 높았던 위험요소에 대해서도 실제 사고처럼 조사해야 한다. 아울러 사고 방지를 위해 경영진도 직접 참여해 의사결정을 해야 한다. 그래야 '안전'을 우선시하는 안전 전문 리더십을 실제로 보여줄 수 있기 때문이다.

사례 1 | 사고 조사 시 수립된 예방 대책에 대한 철저한 후속 조치(Follow-Up)

외부 전문 기관에서 안전문화 컨설팅을 받으며 일본의 A사에 벤치마킹을 다녀온 동료가 건네준 출장보고서 내용을 소개하겠다. 참고로 A사는 2017년 기준 직원 8만여 명이 근무하며 매출 규모도 한화 23조 원에 달하는 대기업이다.

A사에서는 산재가 발생하면 2가지 자료를 서면으로 작성해 본사의 안전위생위원회에 제출한다. 하나는 사고 당시 상황 · 원인 · 대책이 정리된 '산재 보고서'이며, 다른 하나는 재해 원인의 해석을 정리한 '원인 분석 시정

계획서'다. 특히 '원인 분석 시정 계획서'는 발생 원인에 대해 우리가 아는 '5 Why' 수준까지는 아니더라도 3차례 반복(3 Why)해 명확화하는 작업을 거친다. 그야말로 재해 예방을 위한 모두의 노력이자 집단지성의 결과물인 것이다.

A사는 산재 발생 후 다음과 같이 4단계 대책 수립도 실시한다.

첫째는 '재해 현장 순시'다. 안전위생위원회가 산재 발생 현장의 여건을 파악하고 위험 발생 원인을 확인하는 단계다. 4장에서 언급한 3현주의(현장 · 현물 · 현실)에 입각해 직접 현장을 살피는 작업이다.

둘째는 '산재 보고서'와 '원인 분석 시정 계획서'를 근거로 협의하는 과정이다. 이때 의사결정기구인 안전위생위원회가 원인 · 대책에 대한 타당성을 깊게 논의한다.

셋째는 '수평 전개 활동'을 추진하는 것이다. 즉, 다른 부문에서 같은 산재가 발생하지 않도록 유사 대책을 실시하는 것이다. 물론 여기까지는 독자 여러분들도 "우리도 하는 건데"라고 생각해서 특이점을 찾지 못했을 수도 있다.

넷째는 주목할 만한 것인데, '효과 확인 · 보고' 프로세스다. 산재 발생 부문에 대한 대책을 마련해 실시한 후 2개월 뒤 그 대책의 효과를 확인하는 것이다. 물론 확인 결과는 본사의 안전위생위원회에 보고된다.

10년 전에 이직한 회사가 일본계 회사에 M&A된 후배를 만나 그 일본계 회사의 안전 관리에 대한 이야기를 들었다. M&A 후 1년간 이전 회사의 안전 프로세스를 유지하게 한 뒤, 1년을 채우면 본사에서 진단 후 현 수준을 개선하기 위한 다양한 활동을 시작한다고 했다.

또한 그 회사의 사고 조사 프로세스가 [사례 1]에서 소개한 A사의 것과 대동소이했다. 차이점이라면, 이 회사에서는 사고가 발생하면 24시간 내에 서울에 있는 한국 본사에서 HSE 임원이 내려와 현장을 조사하고 작성된 실행 계획을 리뷰한다는 점이다. 리뷰가 완료된 보고서는 일본 본사에 접수되며, 정확히 3개월 뒤 일본 본사의 현장 실사팀이 개선안의 실행 여부를 확인하러 공장을 방문한다. 만약 실행되지 못한 항목이 있으면 그 이유에 대해 집요하게 묻는다. 따라서 사고 원인과 대책 수립 시에는 반드시 실행할 수 있는 사항만 적고, 그 항목에 대해 지속적으로 관찰하는 것이 조직의 루틴으로 정립됐다고 했다.

독일 심리학자 헤르만 에빙하우스는 234페이지의 표에서처럼 "강의를 들은 뒤 20분이 지나면 강의 내용 중 58%만 머릿속에 남고, 하루가 지나면 33%만 남으며, 6일이 지나면 25%만 기억난다"고 했다. 이는 사고 조사를 언제 실시해야 할지를 알려주는 단서이기도 하다. 과거를 돌이켜보면 사고가 발생됐을 때는 "태산이 무너질 듯 요동쳤으나 뛰어나온 건 쥐 한 마리뿐"이라는 말처럼 예고를 거창하게 했어도 결과는 보잘 것 없었다. 근본 원인을 알았음에도 조직적 망각이 심각했기 때문이다.

하지만 안전과 관련하여 일반적 수준의 기업과 우수기업의 차이는 사고 발생 시 어떻게 대응하느냐로 구분된다. 일반적 수준의 기업은 사고에 대한 책임 추궁에 바쁘거나, 담당자나 소속팀에서 작성한 단편적인 대책 제안에 집중한다. 우수기업은 근본 원인(Root Cause)을 이끌어내기 위해 공정·설비에 대한 지식과 사고 조사 경험이 풍부한 사람들의 지혜를 인풋

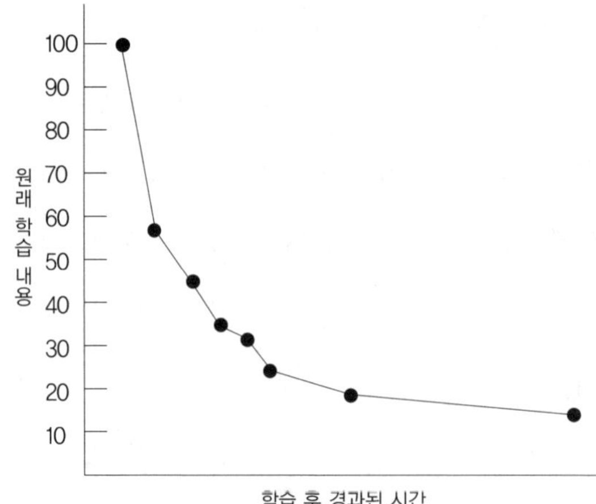

학습 후 경과된 시간	기억하는 양 (%)
학습 직후	100
20분 뒤	58
1시간 뒤	44
9시간 뒤	36
1일 뒤	33
2일 뒤	28
6일 뒤	25
31일 뒤	21

* 강의를 듣고 20분 뒤 58%, 9시간 뒤 36%, 6일 뒤에는 25%만 기억한다.

인간의 기억

(Input)한다. 이렇게 이끌어낸 근본 원인을 바탕으로 고위험 작업군을 분류한 뒤, 그곳에 잠재된 상세 위험 작업의 목록을 작성하여 대비한다.

재해 조사 과정에서 투명성 · 전문성을 확보하는 것도 중요하다. 이를 위해서는 원인 조사에 직접 참여하거나, 사고 원인과 위험요인을 적시한 '재해 조사 보고서'로 얻은 교훈(Lessons Learned)을 기업이 사회적 자산으로 활용할 수 있어야 한다. 또한 이를 통해 안전보건 관리 규정 및 매뉴얼과 위험성 평가 내용을 지속적으로 업데이트해야 한다. 마지막으로 현장 관리 · 감독자 대상 안전교육 시 해당 작업과 업무에 대한 표준을 정립할 수 있도록 교육시키고 확인해야 한다.

사고의 원인에 대한 조사 결과가 제대로 기록되지 않으면 '라쇼몽 효과'에 빠질 수 있다. 〈라쇼몽〉은 1951년 베네치아 국제 영화제의 최고 영예인 황금사자상을 수상한 일본 영화의 제목이다. 줄거리는 어느 마을 근처 숲에서 살인 사건이 발생하고, 이를 원님이 조사하는 것이다. 당연히 사실(Fact)은 하나인데 직 · 간접적으로 연관된 네 사람은 서로 엇갈린 진술을 한다는 것이다. 즉, 같은 사건을 두고 서로 다른 입장에서 해석하면서 본질을 다르게 인식하는 것이다. 그래서 '기록'이 큰 역할을 하게 된다. 토머스 에디슨, 레오나르도 다빈치, 프란츠 슈베르트, 아이작 뉴턴, 에이브러햄 링컨의 공통점은 무엇일까? 이들의 공통점은 '메모광'이었다는 이야기가 《한국의 메모 달인들》에 나온다.

사마천이 쓴 동양 최초의 역사책인 《사기》는 아주 먼 옛날인 신화시대부터 그가 살던 기원전 2세기 말 한무제 때까지의 역사를 다루었다. 장장 52만 6,500여 자, 130권에 달하는 대기록이다. 우리 현장에서 일어나는 일도 역사라고 생각해야 한다. 그래서 그 활동으로 배운 내용이 후세에 전달될 수 있도록 기록하는 문화를 갖춰야 한다. 또한 재해 예방과 재발 방지를 위해 "**적**는 **자**만이 **살아남는다**"는 적자생존의 원칙을 개인을 너머 조직 전체에 확산시켜야 한다. 그렇게 해서 재해 관련 기록이 조직 전체의 소중한 자산이 되게 해야 한다.

'배우고 익힘'이라는 뜻을 담은 '학습(學習)'의 '익힐 습(習)'자를 잘 살펴보면 '깃 우(羽)' 자와 '100 백(百)' 자로 이루어졌음을 알 수 있다. 새가 날기 위해 100번 이상 날갯짓을 한다는 뜻으로 해석할 수도 있는 것이다. 그러나 현대를 살아가는 우리에게는 시시각각 생성 · 저장되는 정보가 너무 많고 기술 발전도 급격히 이루어지기 때문에 배워야 할 것이 너무 많다. 그러다 보니 역설적으로 뭐 하나라도 제대로 익힐 시간이 없다고 하소연하기도 한다.

그런데 최근 '공부 잘하는 아이의 특징'을 소개하는 프로그램을 봤다. 비법은 자기만의 오답노트를 만들고, 본인의 실수를 리플렉션(Reflection)하면서 터득하는 것이었다. 그러면 다시는 실수하지 않는다고 한다. 우리 현장에서의 아차사고를 비롯한 사건 · 사고를 우리의 오답노트에 적어보자. 개인은 물론 조직 전체가 오답노트를 작성 · 공유한다면 더욱 안전한 환경을 조성할 수 있으리라.

✔ 팩트 체크

1. 사고 데이터를 수집하는지?

   ▲ 아차사고를 비롯한 모든 사건 · 사고의 데이터

2. 수집된 자료에 대한 분석 및 경영진 보고가 이루어지고, 이를 직원들에게도 공지하는지?

   ▲ 도표, 파이차트, 파레토차트 등을 활용한 시각화

4
그들의 언어로 이야기하라
[Training]

> 만난 사람 모두에게서 무언가를 배울 수 있는 사람이 세상에서 제일 현명하다. _《탈무드》

불확실성 증가와 급속한 사업 환경 변화 속에서 각 기업들은 경쟁력 확보는 물론 50년, 100년을 넘어 영속하는 기업으로 도약하기 위해 긴장의 고삐를 늦추지 않고 있다. 그래서 특히 최근에는 안전에 대한 관심이 높아지고, 이에 대한 벤치마킹 기회를 잡으려고 노력하고 있다.

1802년 화약 사업으로 창업한 이후 '안전'하면 가장 먼저 떠오르는 미국 종합 소재 · 과학 전문 기업인 듀폰, 1865년 창업 후 석유화학 · 정밀화학 및 바이오를 포함해 글로벌 종합화학 기업이 된 독일의 BASF, 1888년 창업했으며 하버드 MBA 출신 뉴욕타임스 심층보도 전문 기자가 쓴 《습관의 힘》에도 소개된 미국 알루미늄 제조회사인 알코아, 1902년 미국 미네소타 주의 광공업 회사로 출발해 포스트잇 · 개인보호장비 제작과 창의성으로 유명한 3M, 1853년 세계 최초로 엘리베이터를 상용화한 OTIS, 1863년 창업 후 암모니아 소다법으로 이름을 알리고 있는 벨기에 화학회사 솔베이, 1940년 창업 후 산업용 가스와 화학물질을 제조하는 미국의 에어프로덕츠 등을 저자는 벤치마킹을 위해 방문했다. 그리고 이로써 저자 나름대로의 안전교육을 위한 체계와 방법을 만들었다.

교육 방법으로는 강사와 교육생이 물리적 공간에서 직접 대면하는 집합교육과, 시 · 공간의 제약을 극복한 이러닝 등 온라인 교육을 실시하고 있다. 최근 안전교육 분야에도 IT기술을 접목한 증강현실(AR, Augmented Reality) · 가상현실(VR, Virtual Reality)이나 플립러닝 · 마이크로러닝 방식 등이 도입되면서 지구촌 어느 곳에서도 접속 가능한 러닝 플랫폼을 구축하려는 기업들의 움직임도 감지되고 있다.

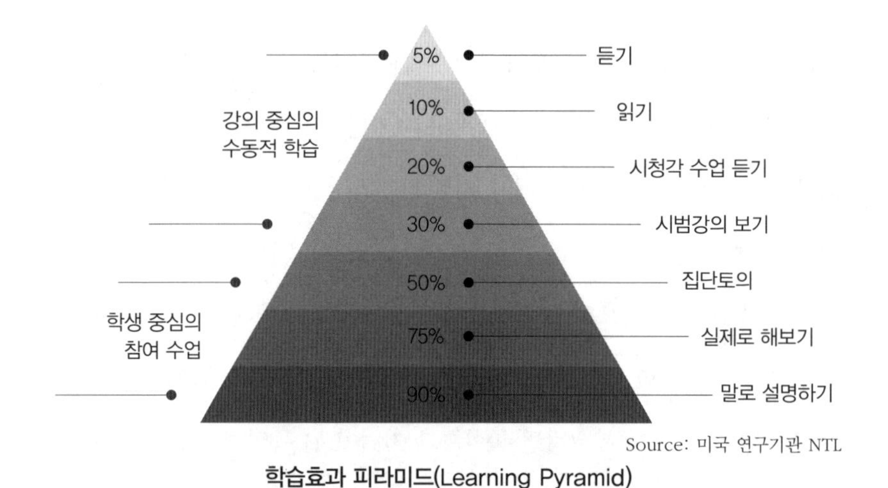

학습효과 피라미드(Learning Pyramid)

위의 '학습효과 피라미드'에 나온 것처럼 교육의 효과를 높이려면 강의와 같은 기존의 일방향(One-Way) 방식에서 시뮬레이션이나 직 · 간접 체험을 활용한 양방향(Two-Way) 방식으로 변화시켜야 한다. 그러나 "안전교육을 왜 받아야 하죠?"라는 근원적 질문에 교육기획자나 참가자 스스로 대답하지 못하면 교육 효과는 별로 오래 지속되지 못할 것이다. 그래서 안전교육 담당자는 고민이 많다. 미래에 대한 희망 때문에 개인이 자발적으로 참석하는 자격 과정과 같은 전문 교육이 아닌, 산업안전보건법 제31조 같은 법적 요건을 충족시키기 위해 참여하는 데 의의를 둔다면 이것이야말로 깊이 고민해봐야 할 일이다.

IT기술의 눈부신 발달로 인터넷에서 원하는 정보 · 지식을 구할 수 있다. 또한 개개인이 자신의 새로운 경험 · 정보를 블로그 등에 업데이트하는 등 생산의 주체가 되기도 한다. 즉, 개인이 지식과 경험의 프로슈머(Prosumer, '생산'을 뜻하는 Produce와 '소비'를 뜻하는 Consumer의 합성어) 역할을 성실히 수행하는 것이다. 정보는 넘쳐나는데 뇌의 기억 용량의 한계를 감안하면 우리는 배움(Learning)만큼이나 폐기학습(Unlearning)도 중요한 시대에서 사는지도 모른다. 인간이 기억의 한계를 감안하고 과거에 습득한 지식을 버림으로써 새로운 지식을 갖추거나, '지식'을 너머 조직화된 '지혜'를 활용될 수 있는 시스템을 마련해야 한다.

진화가 필요하다. 지식 · 경험으로 터득한 내용을 전달하는 데 스토리텔링(Story Telling)을 도입한다면 교육 효과를 더 높일 수 있을 것이다. 《스토리텔링 원론》의 저자인 신동흔 교수는 역사와 철학이 있는 옛날이야기처럼 듣는 사람에게 상징성과 메시지를 전달해줌으로써 많은 영감과 재미를 주는 것이 '진짜 스토리'라고 했다. 방법론 측면에서는 기존의 전통적 학습법에 구성원의 상상력과 생각근육(Thinking Muscle)을 키우기 위해 플립러닝(Flipped Learning), 하부르타(Havruta, 유대인의 전통적인 토론 교육 방법), 액션러닝(Action Learning) 등과의 접목도 시도해볼 만하다.

플립러닝은 '확 뒤집다'라는 'Flip'의 의미를 살려 '뒤집힌 학습', 즉 '거꾸로 학습'으로 불린다. 이 학습법은 미국 고등학교 교사이자 《당신의 수업을 뒤집어라》의 공저자인 조나단 버그만과 아론 샘즈가 사용한 교육 방법이다. 과학수업 전에 학생들이 개별적으로 이론적 내용을 학습하게 한 뒤, 교실에서는 학습한 내용에 대해 토론하거나 함께 문제를 해결할 수 있도록 한 것이다. 이 방법은 하이브리드 러닝(Hybrid Learning)이나 블렌디드 러닝(Blended Learning)으로도 불린다.

하버드 대학교나 MIT 등 글로벌 선진 대학교들은 물론, 우리나라의 대학교들 그리고 초등학교 수업에서도 플립러닝 같은 시도가 다양하고 많이 활발하게 진행되고 있다. 기존의 동영상 제공 방식 인터넷 강의에 오프라인에서의 토론을 결합한 교육 방법 등이 그 사례다.

조나단 버그만은 또한 다수의 학생들을 대상으로 하는 강의 중심 수업 때와는 달리 참가자 간 활발한 상호작용이 일어나면서 문제 해결을 위해 학생들이 몰입하는 효과가 나타났다고 했다. 즉, 이렇듯 학생들의 몰입을 촉진하도록 교사의 역할을 변화시켜야 한다는 것이다.

사례 1 | 이번 말고 다음에는 꼬~옥 강의를

20여 년 전 저자가 처음 경험했던 안전교육장의 모습이 아직도 머릿속에 남아있다. 교육장 입구에서 출석 확인을 담당하는 신입사원, 교육 일정을 소개하는 대리, 강의 시작 5분 전쯤 강사와 함께 입장하던 과장급 담당자, 교육 종료 5분 전에 유유히 들어오던 해당 팀장이나 임원급 리더 등이 말이다.

프랑스계 화학회사와의 합작투자로 설립된 A사는 외부에서 한국인 CEO를 영입한다. 새로 취임했기에 안전보건 관련 사항이 업무 인수인계서에 없었다면 본인의 역할 · 책임과 회사의 안전보건 리스크에 대해 아는 것이 없는 게 당연하다. 안전보건 담당 팀장은 새로 취임한 CEO를 위해 회사의 안전보건 방침과 기본 원칙을 시작으로 중장기 전략과 세부 활동, 현안 등을 직접 교육한다. CEO도 교육 시간 동안 잠시도 자리를 비우지 않고서 적극적으로 질문하고 참여한다. CEO가 회사에서 직급이 가장 높지만 A사에 처음 들어온 이상 신입 직원이나 다름없기 때문이다. 4M 요소 중 하나인 Man(최고경영진)이 변경된 셈이기도 하다. 신입 CEO가 A사의 사정을 정확히 알아야 비상시에 올바른 의사결정을 내릴 수 있으니 당연한 일이다. 물론 안전보건 담당 팀장도 강사로서 본인의 기본 책무(역할)를 성실히 수행한다.

우리 회사 · 사업장의 현실은 어떨까? 저자가 20년 전에 경험한 것처럼 리더들이 교육생 출결 확인이나 외부 강사 응대에 너무 많은 에너지를 소비하고 있지는 않은가? 혹은 경영진 교체 시 업무 인수인계서에서 '안전보건' 부문을 "새로운 CEO께서 불편해하실 것이다"라고 자의적으로 판단하여 함부로 생략하거나 스텝들에게 말하지 못하게 하는 것은 아닌가 생각해보라.

교육을 기획할 때 어려움 중 하나는 교육생의 눈높이에 맞는 강사 선정이다. 책 속의 이론을 전달하는 것만이 아니라 교육생들이 강사 자신의 경험이나 사례에서 이슈 해결의 단초나 통찰력(Insight)을 얻게 해주어야 하기 때문이다. 아울러 교육생들이 토론 등으로 현장에서 활용 가능한 팁을 얻을 수 있게 하는 것도 중요하다, 아울러 외부에서 모셔온 강사는 정보보안 문제 때문에 가장 중요한 부분을 모두 전달하기가 어렵다.

저자는 외국계 회사의 경우 리더십 파이프라인(Leadership Pipeline)에 의해 최고경영진이 먼저 교육을 받은 뒤 '경영진 ⇒ 공장장 ⇒ 팀장 ⇒ 현장' 순으로 전달된다는 이야기를 들었다. 그래서 교육생의 직급과 무관하게 회사의 경영진을 강사로 초청했다. 예를 들면, 생산 · 영업을 두루 경험한 대표이사, 입사 후 줄곧 생산 · 전략 분야에 있었던 사업부장, 영업 부문에서 잔뼈가 굵은 사업부장, 교육 부문에서만 근무하다 최근 3년간 안전보건 부문을 담당했던 경영지원 부서의 임원 등이었다.

교육생들의 만족도는 영업 부문 사업부장을 하면서 안전보건의 중요성을 몸소 체험했던 강사의 경우가 가장 높았다. 이유를 생각해보니 대표이사는 직급에서 느껴지는 중후함 때문에 교육생들이 부담스러웠던 것이다. 그러나 사업부장은 영업 직군의 사업부장 보직을 수행할 정도로 영업 과정에서 안전에 대한 철학 · 고민 · 실행 등이 축적되었다 보니 교육생들도 진정성을 느낀 것이다. 또한 사업부장은 교육생들이 자기가 소속된 조직의 비(非)생산 분야 임원도 강사로 모실 수 있겠구나 하는 생각도 심어주었다.

어차피 임원급 인사에게 강의 요청을 하면 잘 풀리는 경우가 별로 없다. "오랫동안 기다렸지요", "당연히 해야죠"라는 답변을 받는 경우는 거의 없었던 것이다. 당신이 전공한 분야도 아닌 걸 어떻게 전문가(교육 참가자)들 앞에서 강의할 수 있겠느냐는 분도 있었다. 그러면서 다음 번에 꼭 제대로 준비해서 해보자고 이야기한다. 정중하게 인사를 드리고 나오는 저자의 머릿속에는 이런 웃픈 이야기가 생각났다. 길거리에서 우연히 오랜 동료나 고향 선후배를 만났을 때 "언제 술 한잔 하자!"라고 한다. 그런데 그 언제가 도대체 '언제'일까? 심한 경우 강의 의뢰에 대한 이야기도 꺼내보지 못한 채 안전보건 담당/팀장 등에 의해 만남 자체가 원천 봉쇄되기도 했다.

창의성으로 유명한 글로벌 기업인 B사의 인사팀장과 나눈 이야기가 생각난다. B사에는 일정 단계의 임원이 되면 사내 강사 활동도 해야 한다. 다양한 국적과 경험을 가진 교육생들과의 커뮤니케이션은 기본적으로 영어로 이루어지는데다, 자료 작성을 위한 내용 구성, 즉 스토리라인 기획부터가 임원들에게 스트레스를 준다는 것이다. 그러나 모든 임원들에게 출강 기회가 주어지는 것은 아니기에 오히려 강의 의뢰를 받으면 "내가 회사에서 인정받고 있구나"라고 생각하는 임원이 많다고 한다. 물론 강의 자료에 본인의 경험과 생각을 포함시켜야 하기에 스토리라인 구성부터 최종 문서 작업까지 본인이 직접 한다. 본인의 강의 자료를 다른 사람이 만들게 한다는 사실 자체가 구성원들에게 바람직하지 못한 리더십을 보여주는 것임을 잘 알기 때문이리라.

오랫동안 준비한 강의가 끝나면 교육생들의 강의 평가와 과정 기획자의 의견을 피드백 받음으로써 향후 재출강 여부를 고려한다. 처음 피드백 리포트를 받았을 때는 큰 충격을 받기도 했지만, 부하직원들로부터 진솔한 피드백을 받기 어려운 고위직 임원인 경우 스스로를 성찰하는 기회로 삼는 경우도 많다고 한다. 물론 첫 출강이 마지막인 경우도 있지만, 어떤 임원은 조직 내 구성원들이 핵심 인재임을 깨달았기에 계속 출강한다고 말해주었다. 그런 임원은 "안전은 곧 실행이며, 임원 스스로 행동으로 보여주어야 한다(Self-Leadership for Safety)"는 것을 잘 아는 분이다. 그러니 임원이라면 자신의 경험을 지속적으로 축적 · 기록해둠으로써 언제든지 강의할 수 있도록 해둘 필요가 있다고 본다.

사례 2 | "뭣이 중헌디!"

연수기관으로 옮긴 후 모셨던 임원의 배려로 인적 자원 개발(HRD) 분야의 세계 3대 컨퍼런스 중 하나인 SHRD(Strategy for Human Resource Developement)이 개최되는 미국에 출장을 갔다.

1만 6천여 명이 참석하는 글로벌 컨퍼런스인데다, 교육열 하면 타국의 추종을 불허하는 한국은 참가국 중 3위를 기록할 만큼 대규모 인원이 참석해 사회자 소개 때 참석자들로부터 열렬한 박수를 받았다. 컨퍼런스 기간 중 귀에 가장 많이 들어온 내용은 '전략적 파트너로서 사업 성과에 기여하는 HR'이라는 문장이었다. 그래서 현재 우리가 실시하는 안전 분야의 교육도 이런 맥락에서 살펴보고자 한다.

4박 5일간 준비된 학습을 마치고 현업으로 복귀하기 전에 우리끼리 치르는 의식이 있다. 5일차 아침에 4일간의 학습 내용에 대한 최종(Final) 시험과 개인별 현업 실행 계획을 작성하는 것이다. 어느 때인가 외부에서의 교육에 참석했는데, 시험을 오픈북으로 진행하는 것을 보고 안전교육에 대한 자존감을 낮춘다는 생각에 많이 실망했다. 물론 당시 시험 중 객관식 문제는 10%도 안 되었으며, 나머지는 단답형 문제이거나 혹은 실습했던 내용을 적는 것이었다. 우리의 최종 시험도 이런 점을 참조했다.

대부분 회사에서는 교육 후 효과를 분석하기 위해 5점 만점인 만족도 평가를 활용하고 있다. 그러나 이 평가는 SHRD 컨퍼런스와는 달리 안전 부문이 사업의 전략적 파트너로서 성과에 기여한다는 것을 인식시키기에는 다소 부족한 듯하다. 이에 현업에서의 변화 관리와 실행 촉진 측면에서 정확한 지식 습득을 기반으로 솔루션을 제공하기 위한 '실행 계획서'를 떠올렸다. 이 '실행 계획서'는 현업 때문에 바쁜데도 직원들을 교육장에 보내준 상사들에 대한 최소한의 보답이기도 했다.

결국 교육에 참석한 각자의 실행 계획에 대해 3~6개월 후 달성 여부를 확인한다면 조직(그룹 · 회사 · 부문 · 팀 등)과 개인별 안전 부문에서 작은 변화가 시작될 것이다. 그렇게 된다면 '실행 계획서'를 실행력을 측정하는 보조 지표로도 활용 가능하리라.

지금까지 교육 과정을 운영하면서 실행 계획 중 가장 많이 언급된 사항은 '생산 현장 방문 기회 확대'와 '개인 전문성 향상', '개인별 실행 아이템 선정' 등이었다. 이를 현업에서 실행하려면 사전에 예상되는 장애요인을 해결하기 위해 임원들과 커뮤니케이션을 하거나, 변화 관리 전략 등에 대한 이해관계자의 깊은 고찰이 필요하다. 그래서 시험과 실행 계획 작성으로 스트레스를 받은 분들을 위해 2가지 선물을 준비해간다.

하나는 4년여 동안 우리나라와 중국의 안전보건교육 과정 개발과 안전 우수기업 벤치마킹 때 저자가 직접 보고, 듣고, 느낀 내용을 공유하는 '생각해봅시다'라는 시간이다. 이를 통해 우리나라 사업장의 안전보건 관련 현실에 대한 생각할 거리와 바람직한 모습을 전달한다. 또 하나는 5일이라는 짧은 기간에 안전보건처럼 넓은 분야에 대한 정보와 지식을 모두 전달할 수 없다 보니 안전과 관련된 최신 도서를 구입해 전달하는 것이다. 솔직히 말하면 안전 관련 도서는 몇 종 되지 않고, 더군다나 실용서는 찾아보기 힘들다. 이에 각자의 현업 경험을 축적해 책을 쓰라고 당부하면서, 다음에는 교육생이 아니라 저자 특강으로 모시겠다는 식으로 동기부여를 하면서 과정을 마무리한다.

통상 교육을 백년지대계(百年之大計)라고 한다. 그 말대로 교육을 100년간의 과정으로 완성하려면 그에 따른 세부 계획을 잘 준비해야 할 것이다. 일단 여러분에게 "왜 안전 관련 활동을 하나요?"라든가 "안전 관련 활동을 어떻게 할 건가요?"라고 물으면 여러분은 뭐라고 답하겠는가? 저자라면 사업 성과에 기여하는 솔루션 제공자로서의 방법을 모색할 것이다. 그러기 위해 현재 우리 회사(현업)의 교육 시스템과 세부 과정 구성에 대해서는 물론, 과정별 강사 구성과 세부 컨텐츠까지 살펴볼 것이다.

교육 시스템 · 과정에 대해서는 안전보건 부문 구성원의 목소리나 이슈가 중요할 것이다. 하지만 궁극적으로는 사업 이슈에서 출발함으로써 현업의 성과 · 실행과 직결시켜야 지속될 수 있을 것이다.

아울러 교육이 단 한 번으로 끝나는 것은 과거에 교육을 받으며 느꼈던 경험이 지금까지 연속된 탓이 아닐까 싶다. 지금부터라도 변화해야 한다. 교육 과정에서 사업 측면의 안전보건 리스크가 발굴 · 논의되며, 임원을 포함한 모든 이해관계자들의 생각과 경험을 들을 수 있게 해야 한다. 그렇게 되도록 사전에 치밀하게 기획할 수 있는 능력을 배양해야 할 것이다.

✔ 팩트 체크

1. 조직의 교육 시스템에 안전교육이 포함되어있는지?
   - 사원 교육과 임원 교육을 구분
2. 사내 강사 비중은 얼마이며, (임원은 별도로 하고) 강사 육성 프로그램이 있는지?
3. 교육 과정 컨텐츠로는 무엇이 있는지?

   예) 회사(그룹 · 본사)의 방침(원칙)과 안전보건 전략 · 목표 · 현황, 법률 · 법규의 현황 · 동향, 사고 및 우수사례 공유(특히 자사에서 발생한 사고의 원인 및 재발 방지 대책 등)
4. 강의 · 토론 등과 같은 상호작용(Interactive)의 비중은 얼마나 되는지?
5. 교육 효과 측정 및 성과 촉진을 위한 활동이 이루어지는지?

   예) 시험(오픈북 아님) 결과에 대한 이력 관리와 개인별 실행 계획 작성 및 상사의 피드백과 후속 조치(Follow-Up) 등

5

공유(共有)하지 않으면 공멸(共滅)한다

[Experience]

인간이 현명해지는 것은 경험에 의해서가 아니라,
경험에 대처하는 능력에 따라서다.

_ 영국 극작가 조지 버나드 쇼

"아쉽다"라는 탄식이 없어진다면 어떨까?

사업장에서 사고 · 재해를 예방하거나 재발 방지를 위해 최고경영진의 관심과 투자와 현장 방문 같은 활동이 각 분야에서 지속적으로 증가하고 있다. 그러나 저자는 파레토 법칙에 따라 발생 빈도가 높고 치명적 결과를 초래할 수 있는 항목을 중점 관리 대상으로 선정하는 게 낫지 않을까 한다. 우리나라에 있는 A사에서 발생한 사고에 대해 A사 내에서 그리고 산업 단지 내에서 공유되지 않았다. 그래서 불과 몇 개월 뒤 동일 사업장 내의 같은 설비를 사용하는 다른 팀에서 같은 사고가 발생했다.

생산기지를 해외로 이전하는 과정에서 우리나라의 생산기지에서 벌어졌던 사고 사례가 해외에 전파되지 못해 동종재해가 발생됐다는 소식을 접하곤 한다.

최근 B사 같은 경우 다른 기업을 벤치마킹하는 등 심혈을 기울여 안전보건 포털을 구축했다. 그리하여 아차사고(Near Miss)를 포함한 세부 활동과 목표의 진척도까지 한눈에 파악할 수 있도록 인터넷상 시스템으로 잘 구현할 수 있게 됐다. 그러나 B사의 운영시스템은 각 사업부 단위로 운영되는 매트릭스(Matrix)로 이루어져있다. 이런 현실에서는 동일 사업부끼리는 축적된 사고 사례(아차사고 포함) 등 정보를 공유하는 게 가능하다. 하지만 다른 사업부에서는 축적된 사고 사례에 대한 개선 계획이 '보안 문제' 때문에 공유되지 못했다. 더군다나 안전문화 정착을 위해 실질적인 변화를 이끌어내거나 대책 마련을 위해 고민하는 안전보건 실무 담당자들에게까지 공개되지 않는다는 것이다. 하물며 중국 · 베트남 등에 있는 해외 사업장에서는 우리나라에서 축적된 소중한 경험들이 얼마나 공유 · 활용되고 있겠는가.

그래서 안전과 관련된 활동 · 시스템을 기획하는 실무자 · 의사결정자는 동종 사업부는 물론 현장 근무자들에게까지 빠르고 정확하게 그 사례가 전파되게 함으로써 재발을 방지하거나 개선하려고 노력한다. 그것을 위한 팁으로 전파하기 위해 사고(아차사고 포함)의 근본 원인과 재발 방지 대책 등이 포함된 '시스템 구축'을 시도하고 있다. 물론 그에 앞서 "왜, 무엇을, 누구를 위해 시스템을 구축하는가?"를 깊이 생각해봐야 한다.

일본의 경우를 보자. 2003년 대구 지하철 화재 참사로 많은 사람이 목숨을 잃지 않았던가. 특이하게도 일본은 당시 우리나라에서 일어난 사고

였는데도 근본 원인을 파악하고 재발 방지 대책을 수립했다. 그 작업을 위해 일본 사람들도 사고 현장을 직접 방문했고 깊은 연구를 했다. 그리하여 피난로를 개선하고 시설물을 불연제로 교체했다고 한다. 그 결과 2년 후인 2005년 도쿄 지하철역 화재 시 피해를 최소화할 수 있었다. 지진 등 자연재해가 많은 일본에서는 큰 사고 후 '백서'를 발간해 관련된 사람들은 물론 일반인들도 볼 수 있게 하고 있다.

그래서 저자는 한언 출판사에서 발간하고 있는 '안전한국 시리즈'를 아주 높이 평가하고 있다. 일본의 안전 분야에서 30년 이상 경험을 축적한 전문가들의 소중한 경험을 담은 책들이기 때문이다. 제1권인 《안전의식 혁명 - 안전불감증이 없어지지 않는 이유》를 시작으로 총 8권이 출간됐다. 저자는 이 중 《작업 현장의 안전 관리》를 보면서 너무나 쉽게 다가오는 데 감탄했고, 아울러 이런 실용서가 널리 전파되었으면 좋겠다고 생각하기도 했다.

그럼 이쯤에서 "안전 관련 활동이란 내게 어떤 의미일까?"를 생각해보자. 저자의 경우 안전에 관한 개인의 소중한 경험들을 기록 · 공유하여 인류를 위해 올바르게 사용하는 것이다. 안전 분야에서는 "공유하지 않으면 공멸한다"고 생각하기 때문이다. 그래서 가족 · 동료 · 회사가 소명의식을 가지고 서로의 안전 관련 정보를 주고받는 아름다운 활동이 지속적으로 일어나야 한다고 본다.

LG 그룹의 안전보건교육 시스템 수립 · 과정을 기획하면서 그룹 내 많은 분들에게서 도움을 받았다. 특히 전문가 50여 분이 각자가 경험한 것을 잘 전파하여 저자가 기본을 충실하게 지킬 수 있게 해주었다. 그런 분들

중에서 지금까지도 "안전 전문가를 어떻게 육성하고, 안전문화를 어떻게 향상시킬 것인가?"에 대해, 그리고 "어떻게 하면 사고를 감소시킬 수 있을까?"에 대해 생각을 나누고 있는 분의 이야기를 공유하겠다.

사례 1 | 내부 사고(事故)를 학습의 기회로 여기고 사고(思考)하면서 성장하는 회사

안전 분야를 전공해 박사 과정까지 마치고 고용노동부에 입사한 후에도 본인의 뜻한 바를 이루고자 다국적 기업 2곳에서 실무 경험을 쌓은 전문가가 있다. 그는 다국적 기업인 K사에서 근무 중 '사고에 대한 수평 전개와 재발 방지'에 대한 그 회사 고유의 방법을 접했다.

K사는 전 세계 여러 곳에 사업장을 보유하고 있다. 사고가 발생하면 해당 공장장은 실무에서 배제된 후 안전보건 부문이 있는 프랑스의 본사로 바로 소환된다. 그에게는 별다른 업무가 주어지지 않는다. "왜 사고가 발생했는지? 사고를 어떻게 예방할 것인지?"에 대해서만 매일 고민해야 할 뿐이다. 1~2개월 정도 뒤 그가 작성한 '사고 원인 및 재발 방지 대책'에 객관성 · 현실성이 확보되면 본사에 제출한 뒤 귀국 후 현업으로 복귀한다.

그런데 어찌된 영문인지 사고(事故) 전에는 안전에 대해 별로 관심이 없었던 사람이라도 이 체험을 하고 나면 완전히 다른 사람이 되더라는 점이다. 직접 챙기던 생산 · 품질은 라인에서 관리하게 하고 본인은 안전에 대해 꼼꼼하게 챙길 정도로 사고(思考)의 변화가 눈에 보일 정도다. 물론 우리나라에서는 사고가 발생하면 공장을 총괄하는 리더(공장장 포함)가 불려 가기보다는 안전 관리 직무를 수행하는 안전보건 담당 팀장 · 실무자가 호출당하는 편이다.

본사에 CEO 직속의 안전보건 전문 조직이 있음에도 최근 안전보건과 관련된 사건 · 사고가 발생한 M사업본부의 본부장은 매출이나 영업보다 안전에 대해 많이 고민한다. 그래서 안전을 전공한 사람보다 기계 · 설비를 잘 알고 현장에서 신망이 두터운 공무 전문가를 팀장으로 새로운 안전 조직을 구성했다. 또한 안전문화 수준 향상을 위해 외부 기관에서 안전문화 컨설팅도 받았다. 그 뒤 해외 사업장을 방문 시 매번 안전을 강조하는데도 크고 작은 사고가 발생해 고민했다.

그러던 중 사고를 발생시킨 해당 생산팀장에게 동종 사고 예방을 위해 직접 해당 사업본부가 있는 사업장(공장)을 순회하게 했다. 사고 원인과 재발 방지에 대해 고해성사 같은 얘기를 시킨 것이다. 당사자인 생산팀장 입장에서는 체면을 구기는 일이었겠지만, 동종 사고에 대한 수평 전개로 재발 방지에 더해 현장 라인의 구성원들에게까지 안전에 대한 관심과 경각심을 단기간에 심어줄 수 있었다.

글로벌 기업에서 발생한 사건 · 사고에 대해 언제 어디서든 모든 구성원이 공유하는 시스템을 구축할 수 있다면 얼마나 좋을까? 어느 회사는 경영 방침과 전략, 안전보건 방침 · 룰 · 표준은 물론 발생한 사고에 대한 조사 보고서와 니어미스 내용까지 취합 가능한 안전보건 시스템을 구성해 공유하고 있다. 그런데 시스템은 구축했는데도 발생한 사고에 대해 '정보

보안'이라는 이유를 들어 사업부 간 혹은 지역 간 공유되지 못하는 것은 아쉽다. 더욱 슬픈 것은 시스템 구축에 따른 비용 투자 때문에 승인이 미뤄져 몇 년째 담당자의 컴퓨터 속에서 잠자는 경우가 적지 않다는 사실이다.

물론 이쪽에서 먼저 나서서 알려고 하는 적극성이 때로는 상대방의 반발을 일으키기도 한다. 그러나 원치 않는 사건 · 사고의 재발을 방지하여 사람의 생명을 지키려고 한다면 이러한 어려운 선택을 감행해야 할 것이다. 즉, 인접 공장이나 계열사, 동종업종에서 유사한 사고가 발생하지 않기를 간절히 바란다면 이러한 행위도 홍익인간(弘益人間)의 정신을 실천하는 방법이라 생각하고 실행하는 것이 어떨까 싶다.

사례 2 | 적극적 공개로 개인별 안전규정 준수 강화

안전문화와 관련해 일본 기업 벤치마킹을 다녀온 계열사 담당자의 출장 경험을 공유하겠다.

J사에서는 안전규정 '준수'를 "법률을 위반하지 않는다"는 소극적인 의미를 너머 "상식과 윤리에 비춰 기업과 개인이 올바른 행동을 하는 것"으로 적극 정의하고 있다. 따라서 개인의 안전규정 준수 의식 부족으로 비즈니스 리스크가 발생하지 않도록 종합적 · 시스템적으로 관리하고 있다. 그 사례로 소개한 것이 모든 안전 관련 데이터 자료의 적극적 공개였다. 이와 관련된 주요 사항을 요약하면 아래와 같이 3가지로 분류할 수 있다.

첫째, 안전(산재)에 대해 경각심을 갖게 한다.

최고경영진의 안전 관련 회의체인 '안전위생위원회'가 배포하는 자료의 표지에 발생한 산재에 관한 데이터 · 정보를 게재함으로써 늘 의식하게 만든다는 것이다.

둘째, 과거의 산재 발생 사례를 인트라넷에 공개한다.

물론 여러분 회사에도 이런 시스템이 있으리라. 그런데 J사는 위험원별로 나누어 게재하고 있다(여기서 말하는 '위험원'이란 공작기계, 계단 · 바닥, 약품, 대차류, 움직이는 기계, 열원 등이다). 또한 해당 사진(일러스트)을 클릭하면 상세 내용도 볼 수 있다.

셋째, 타 사업장과 연계해 그곳의 사례도 공개한다.

이로써 다른 부문에서 같은 산재가 발생하는 것을 예방하기 위해 유사 대책을 실시하는 수평 전개 활동이 이루어진다.

현장과 사실(Fact)을 공유하는 가장 좋은 커뮤니케이션 방법은 면대면(Face-to-Face)이다. 특히 나쁜 소식에 대한 진실을 신속히 솔직하게 이야기하면 직원들의 조직(경영진)에 대한 신뢰를 증가시키면서 루머의 확산을 방지하는 효과도 있다. 특히 위기 상황이라든가 빠른 변화가 요구되는 비즈니스 상황에서는 더욱 그러하다.

물론 가장 좋은 커뮤니케이션 방법은 솔직하고, 개방적이며, 이해하기 쉬운 것임을 반드시 기억하기 바란다.

✔ 팩트 체크

1. 아차사고(Near Miss)를 포함한 사건 · 사고에 대한 취합 · 공유 시스템을 보유했는지?

   이메일, 안전보건 포털 시스템, 회사 게시판 등

2. 동종 사고에 대한 수평 전개 프로세스를 갖추고 있는지?
3. 안전 성과 평가 시 결과는 물론 과정 · 노력에 대한 평가도 하고 있는지?
4. (개인별 · 그룹별) 인정과 보상 시스템이 있는지?

6
안전에서 100-1의 답은?
[Zero Tolerance Rule]

누가 해도 할 일이면 내가 하고,
언제 해도 할 일이면 지금 하고,
어차피 할 일이면 잘 하자! _ ××사단 신병교육대 구호

안전을 논하면서 가장 많이 접하는 숫자는 하인리히 법칙의 1, 29, 300에 이어 100과 1이 아닌가 싶다. 그런데 '100-1'의 답은 얼마일까? 당연히 99라고 대답할 것이다. 하지만 안전이나 품질 관련 일을 하는 사람이라면 "0입니다"라고 말할 것이다.

품질의 경우 고객의 요구 사항을 비롯한 고충(클레임 혹은 컴플레인)이나 고통(Pain Point) 사항 중 99개에 적극 대응하더라도 남은 1개를 소홀히 한다거나 잘못 처리하면 고객의 신뢰를 한꺼번에 잃기 마련이다. 안전 또한 이와 마찬가지다. 안전의 경우 99번을 잘 챙겼더라도 사소한 실수 1번이 조직 · 사업에 치명적 타격을 입히기 마련이다. 아울러 안전문화를 지키는

데는 단 1명의 예외도 없다는 의미이기도 하다.

앞서 이야기한 듀폰이나 BASF 등 역사가 100년 이상 된 기업에서는 지속적으로 'Way교육', '윤리교육', 그리고 '안전교육'을 강조해왔다. 이러한 교육들은 규정을 만드는 것도 중요하지만 이를 모든 사람이 지키며 하나의 문화로서 정착시키는 것이 더 중요하다는 사실을 알려준다. 그래서 남녀노소 · 지위고하를 막론하고 예외 없이 이를 지켜야 한다는 것이다.

'내로남불'이라는 말이 회자되고 있다. "내가 하면 로맨스요, 남이 하면 불륜"이라는 말인데, 남이 법을 지키지 않는 건 비난 받아 마땅한 일이지만, 내가 법을 지키지 않는 건 합당한 이유가 있기 때문이라고 하는 자들 때문에 생겼다고 한다. 사업장에서 발생한 사건 · 사고 조사 결과에서도 내로남불이 보인다. 직 · 간접적으로 사건 · 사고의 원인을 제공한 사람이 지위나 인맥 등을 이용하여 조사 대상에서 제외되거나 징계를 받지 않는 불공정한 경우가 그렇다. 그런 조직이 과연 얼마나 오래 가겠는가.

어느 신문에서 본 기사인데, CEO가 직접 데리고 있던 유능한 직원이 회사의 규정을 어긴 걸 알게 되자 눈물을 머금고 사직 처리를 했다고 한다. 이를 우리 조직의 안전에 대입해보면 어떨까 싶다. 우리가 생각하는 안전은 위험요소, 즉 리스크와 같이 직접 눈에 보이지 않는 것이기에 정착시키는 데 많은 시간이 필요하다. 그러나 이러한 변혁을 위한 대규모 프로젝트의 성공을 위해 구성원 모두가 자발적으로 참여한다면 어떨까? 그러니까 스스로의 안전에 대한 셀프 리더십, 즉 역할과 책임을 잘 인식하고 실행한다면 더 빨리 성취될 것이다.

여러분 회사에서 안전보건과 관련된 개인의 역할과 책임(R&R)에 대한 지침서를 본 적이 있는가? 저자의 후배가 다니는 외국계 회사인 P사는 안전보건환경(EH&S) 업무에 대해 공장장을 포함해 안전 관련 부서 및 모든 직원의 역할과 책임을 명확히 구분하고 있다.

이에 부가해 공장장의 서명이 적힌 업무 위임서를 모든 사원에게 공개함으로써 자율적 안전경영을 정착시켰다고 한다. 세부적으로는 안전총괄 책임자이자 최고경영자인 CEO, 부서장 및 중간관리자와 교대 근무조 리더인 관리 · 감독자, 라인의 작업자를 포함한 모든 직원은 물론, 이를 효과적으로 지원하는 안전보건 부서까지 상세하게 구분하고 있다.

직책별 역할과 책임에 대해 살펴보기에 앞서 최근 외부에서 안전문화 컨설팅을 받았다고 한다. 프로젝트의 마지막 보고 시 CEO가 안전보건과 관련해 "내가 언제 무엇을 해야 하는지 정리된 자료가 있으면 더 좋을 것 같다"고 하자 이에 대해 전화로 문의를 해왔던 후배가 생각난다.

그 후배가 저자에게 알려준 바로는, 책임에 대해서도 외국계 기업은 2가지로 구분한다. 즉, 'Responsibility'와 'Accountability'로 구분해 사용하는 것이다. 물론 두 단어 모두 한국어로는 '책임'으로 번역된다. 하지만 'Responsibility'는 실행에 대한 책임, 즉 실행 계획을 직접 시행할 사람이 지는 책임을 말한다. 이에 반해 'Accountability'는 관리에 대한 책임, 즉 수립된 계획대로 시행할 책임을 말하며, 또한 이를 잘 시행했는지 파악 · 관리하는 책임도 포함한다.

지난 겨울 휴가지에서 봤던 어느 단체의 표지석 글귀가 생각난다. 그 단체는 1905년 미국 시카고에서 창립된 단체로, 친목 도모는 물론 사회 봉

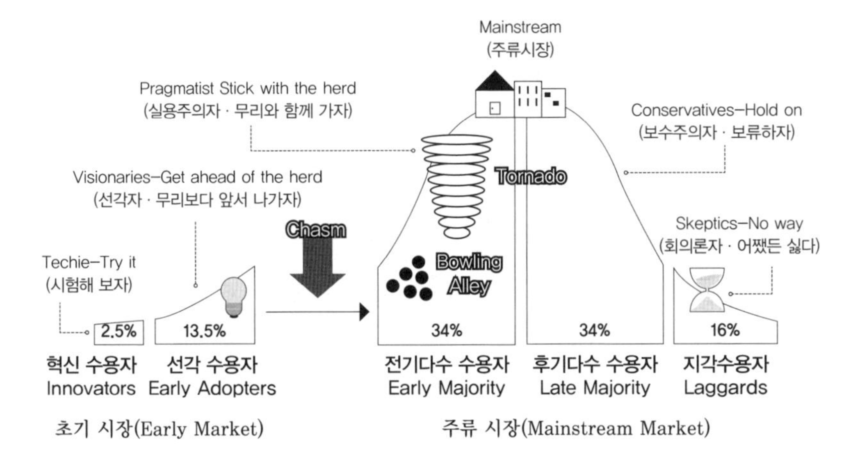

사와 국제 봉사를 실행하는 단체다. 그 표지석의 글귀는 이러했다.

① 진실한가?

② 모두에게 공정한가?

③ 선의와 우정을 다하는가?

④ 모두에게 유익한가?

이를 안전에 대입해보면 이럴 것이다. 즉, 행동에 옮기기 전에 "이 정도는 그냥 넘어갈 수 있잖아" 하기보다는 자신의 행동이 진실하고 모두에게 유익한지 생각하는 것이다. 또한 수립된 룰을 위반하면 '무관용의 원칙'에 따라 조치해야 할 것이다.

영국 역사가 토머스 칼라일은 "우리에게 중요한 것은 멀리 희미하게 놓여있는 것을 바라보는 게 아니라, 가까이 있는 것을 행동으로 옮기는 것이다"라고 말했다. 안전한 행동을 100번 하다가 "한 번 정도는 괜찮겠지" 하는 불안전한 생각(행동)이 원치 않는 사건 · 사고로 이어진다고 가정한다면 가장 먼저 해야 할 일은 본인(직책)의 역할과 책임을 인지하는 것이리라.

그래서 우리나라에 있는 기업의 직책별 안전과 관련한 책임과 역할이 잘 명기된 사례를 261페이지의 [부록 4]로 소개하고자 한다. 여러분 회사 · 사업장의 상황과 비교해보고 개선점을 파악해보기를 바란다.

✔ 팩트 체크

1. 직책별 안전보건에 대한 역할과 책임이 명시된 자료를 구비하고 있는지?
2. 역할과 책임을 미수행했을 경우 제재 및 사실 공개가 이루어지는지?
   - 발생 사례 및 결과
3. 당근과 채찍이 조화를 이루고 있는지?
   - 우수(모범)사례 공유 및 포상 등

부록 4

직책별 역할과 책임

안전보건 관리 책임자: 공장장

공장 안전보건 총괄 책임자 〈직원 · 방문자 · 협력사 포함〉
공장의 연간 안전 목표 수립 및 공표 실시
안전보건 연간 목표 이행 여부를 분기별 지속적으로 추적 관리
매월 CSC(Centralized Substation Control) 안전 회의 직접 주관
매월 APT(안전 관찰) 4건 제출
계획된 리더십팀 안전 검사 주관
계획된 PSP(Physical Security Professional) 평가 주관
하부 부서 안전 회의 분기별 참석
연간 안전교육 승인 및 이행 여부 확인
각 부서장에게 안전보건 환경 책임 위임 및 이행 현황 평가
매주 1회 이상 부서장(또는 직원)들과 안전면담 실시
매주 안전당번 실시자와 안전면담 실시
공장 전체 사고 조사 및 개선 계획 수행 책임
안전 부문 예산 반영 및 지속적인 개선 책임
안전 성과 고과 반영: 승진 · 징계 · 포상 책임
주기적인 현장 안전 순찰 실시
안전보건 환경 규정 및 표준을 공장에 적용할 총괄적인 책임

관리 · 감독자: 부서장 및 중간관리자

부서 안전보건 총괄 책임자 〈방문자 · 협력사 포함〉
공장장에게서 위임받은 안전보건 · 환경 업무 직접 시행 및 부서원에게 위임
부서원이 산업안전보건법 및 안전규정을 준수할 수 있도록 교육 제공 및 관리 책임
매일 현장 안전 순찰 실시 및 개선 책임
매월 부서 안전 회의 주관
매월 APT 4건 제출
매월 PSP 활동
부서원과 주기적인 안전면담 실시 및 부서의 안전과 관련된 활동 평가 · 감사
부서 질차 제정 및 개정(SOP · JSA) 책임
제 · 개정된 안전규정 교육 실시 및 적용
부서에서 발생한 사고 조사 실시 및 보고 의무
부서원이 계획된 안전교육 및 비상훈련을 받도록 조치
부서원에 대한 안전 고과 평가 및 반영
할당된 PSM 업무 실시
계획된 소방훈련 및 안전당번 실시
계획된 안전교육 감사
할당된 안전교육용 교재 작성 및 교육 참석
안전작업허가서 발행 및 관리
안전보호구 착용 지도 감독
도급업체 교육 및 평가
위험물 · 고압가스 관리
유독물 · 환경 관리

직원: 모든 근로자

매월 부서 안전 회의 참석
매월 APT 4건 제출
매월 PSP 활동
공장장 또는 부서장의 안전면담 요청 시 참여
주기적인 안전과 관련된 활동 평가 · 감사 활동에 참여
절차서 제 · 개정 시 참여
사고 조사 실시 및 보고에 참여
안전교육 및 훈련에 참석
계획된 검사 실시
작업허가서 발행 및 승인 업무
안전규정을 숙지하고 이행할 책임
산업안전보건법의 근로자의 의무 실행 책임
계획된 안전당번 실시
각 개인에게 할당된 안전 업무 이행 책임
지급받은 안전보호구 착용
정리 · 정돈 업무
작업장의 안전통로 확보
현장의 위험물 · 고압가스 · 유독물 · 환경 관리

스텝: 안전보건팀

공장장에게서 위임받은 안전보건 업무 시행
각종 EHS 감사 업무 주관
안전교육 수립 및 진행
할당된 PSM 업무
할당된 PSP 업무
EHS 워크샵 주관
대관 · 인허가 업무
법규 관리 업무
절차서 제 · 개정
소방 및 방화 업무
MSDS 총괄 책임
고압가스 업무
RC 업무
EHS 보험
유해 · 위험 기구 안전 인증 · 검사
안전보호구 구입 · 지급
건강 검진 및 의료기록 관리
작업 환경 개선에 관한 업무
폐수처리장 관리를 보조
인증 관리 (ISO 14001, OHSAS18001)
매일 현장 순찰 실시
우리나라 바커 그룹사 안전보건 환경 업무 지원
공장장 · 부서장 · 직원 · 방문자 및 협력사 직원들이 안전보건 환경을 잘 운영할 수 있도록 보조
안전에 대해 타협하거나 안전사고 등을 은폐하지 않도록 관리
무재해 관리

제6장

미래를 창조하다

4차 산업혁명과 안전

우리는 과거로부터 배워야 한다.
오늘을 위해 재미있게 살아야 한다.
그리고 미래를 위해 희망을 가져야 한다.
하지만 알고 싶어하는 욕망을 멈추지 않는 것이 중요하다.

_ 알버트 아인슈타인

1
4차 산업혁명의 이해

증기기관의 발명으로 1차 산업혁명, 전기의 발명으로 가사노동에서의 해방을 이끌어낸 2차 산업혁명, 인터넷 등 정보통신기술(IT, Information Technology)의 발달로 대별되는 3차 산업혁명에 이어 우리는 지금 인공지능(AI, Artificial Intelligence), 로봇, 생명 · 유전공학 및 ICBM(사물인터넷을 뜻하는 IoT[Internet of Things], 클라우드[Cloud], 빅데이터[Big Data], 모바일[Mobil] 등의 약자) 같은 소프트웨어 기술로 대표되는 4차 산업혁명의 시대에 와있다.

2010년 미국의 유명 퀴즈쇼 〈재퍼디!〉에서 승리를 74번이나 거둔 사람과 자연어를 인식 · 해석하는 IBM의 슈퍼컴퓨터 '왓슨'의 대결에서 왓슨이 승리하면서 인공지능의 시대가 본격적으로 열렸다. 뒤이어 시험된 게임은 바둑이었다. 일반 게임과 달리 바둑은 경우의 수가 많기에 사람만이 할 수 있다고 여겨졌다. 그런데 새롭게 진화된 인공지능인 '알파고'와 '바둑의 신'으로 불리던 한국의 이세돌 및 중국의 커제와의 대결은 알파고의 신승으로 끝났다. 안전보건 분야에서도 이런 대결이 있었다. 싱가포르에서 개발한 인공지능 의사인 '바이오마인드'와 방사선 전문의가 225개의 자기공명

영상(MRI) 및 전산화 단층활영(CT) 자료를 활용해 두개골 내 종양 여부를 30분 이내에 진단하는 대결이었다. 그 결과는 어떠했을까? 예상한 바와 같이 바이오마인드의 정확도는 87%이며, 전문의 팀은 66%로 나타나면서 헬스케어 분야에서도 새로운 지평이 열렸다.

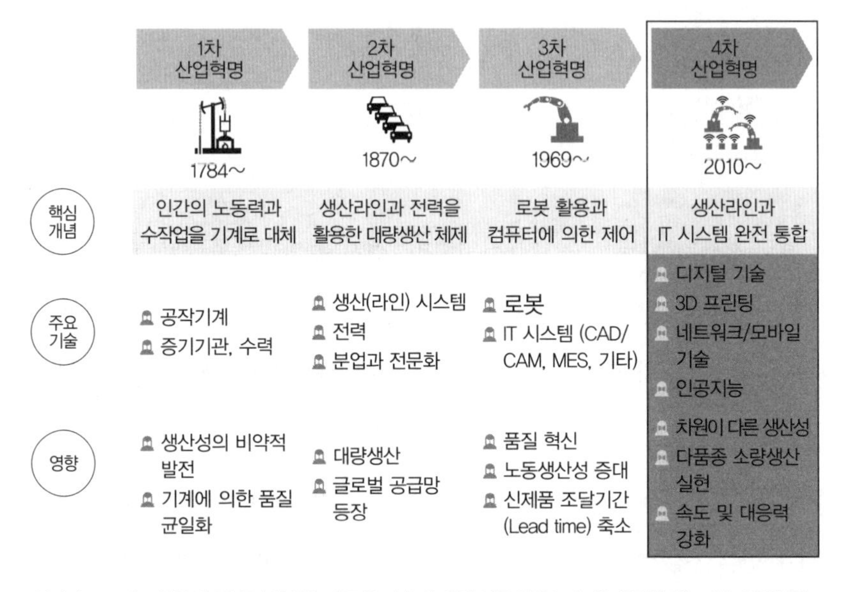

역사적으로 제조산업의 근본적 혁신은 새로운 기술에 의해 이루어졌으며, 현재 진행되는 4차 산업혁명도 새로운 IT 기술에 의해 촉발되고 있다.

매년 정보기술(IT) 분야의 키워드와 트랜드를 제시하고 새로운 기술이 접목된 제품을 선보이는 세계 3대 가전쇼가 있다. CES, MWC, IFA가 그것이다.

2018년 1월 초 미국 라스베이거스에서 열린 CES에는 포춘 100대 기업 중 76%가, 〈인터브랜드〉 선정 100대 기업 중 93%가 참가했다.

그런데 이곳에서 전쟁 때에나 일어날 법한 해프닝이 벌어졌다. LG, 삼성, SONY 등이 비싼 임대료를 내고서 임대했던 부스에서 비가 샌 것이다. 또한 일시에 너무 많은 참석자가 인터넷에 접속해서인지 통신 트래픽과 전기 공급이 원활하지 않아 WI-FI가 작동 안 되었다고 한다.

"전기(에너지)가 없으면 IT도 무용지물"이라는 것과, 시설물 관리의 철저함이 얼마나 중요한가를 깨달았다. 아울러 IT와 인공지능 관련 기술이 진보하더라도 여전히 사람의 손이 필요하거나 사람만이 할 수 있는 일거리는 있을 것이라는 생각도 들었다.

2
안전보건의 시사점과 적용 사례

1968년부터 산업재해 예방의 중요성과 일반 국민의 안전의식을 고취하고자 산업안전보건대전(KISS)이 실시되고 있다. 저자는 50회째가 열린 2017년 처음 참석했고 2018년에도 참석했다. 특히 2018년에는 대통령 신년사에서 언급된 '국민생명 지키기 3대 프로젝트(자살, 교통사고, 산업재해)'와 연계된 '산업현장 사고사망자 절반으로 줄이기' 정책과 우수사례 발표, 세미나 등 다양한 주제로 구성됐다. 특히 '4차 산업혁명 시대의 보건 관리 발전 방안'이라는 주제가 저자의 눈길을 끌었다. 2017년의 행사가 빅데이터를 활용해 볼 수 있다는 탐색적 시도였다면, 2018년의 행사는 실제로 빅데이터를 활용 · 분석해서 나온 중간 결과물에 대한 발표였다.

빅데이터는 개인의 건강 상태를 확인할 수 있는 '건강 검진' 자료와 사업장의 '작업 환경 측정' 데이터를 활용해 상관관계 · 인과관계를 확인 · 예측하기 위한 것이었다. 또한 심 · 뇌혈관 질환자와 고혈압환자의 상관성을 찾거나 유방암이 재발될지 예측하고, 화학물질 취급에 따른 질병 예측 알고리즘을 개발하는 등 각 분야에서 다양한 시도가 진행되고 있었다.

증강현실(AR, Augmented Reality) · 가상현실(VR, Virtual Reality)을 활용한 사례도 많았다. 교육생이 직접 과거에 발생한 사고에서 위험요소를 찾고 해결책에 대해 토론할 수도 있었다. 특히 물류업 · 제조업에서 원 · 부재료나 제품을 운반할 때 사용되지만 재해 발생 빈도도 높은 지게차의 위험요소를 직접 체험할 수 있는 교보재도 개발되고 있었다.

2018년 행사에서는 AR과 VR이 결합된 MR(Mixed Reality)로 가상의 오브젝트들과 사용자와 현실이 상호작용하게 하는 것이 우리 실생활은 물론 안전보건 영역에서도 시도되고 있음을 알 수 있었다. 그러나 남아있는 문제가 있으니 다음과 같다.

첫째, 데이터에 대한 사전 신뢰성 확보다.

둘째, 정보보안과 관련해 개인(회사)의 정보 활용이나 결과 누출로 인한 법적 이슈 문제다.

마지막으로, 데이터 해석 시 기술에 치중한 나머지 해당 상황 · 맥락을 반영하지 못한다는 것이다. 대중에게는 어렵게 느껴졌던 통계 도구(Tool)의 개방성과 기술적 변화 · 발전은 긍정적이다. 하지만 이를 해석하는 사람(전문가)의 개입이 많지 않음은 애석한 일이다. 업종 · 공정 코드별 분류나 다양한 작업 조건, 개인의 생활습관 관련 데이터 등이 추가된다면 현재의 정확도가 많이 향상될 것이다.

드론을 활용한 소방 · 방재 활동과 위험 구역에 대한 주기적 정찰은 긍정적이다. 그러나 보이지 않는 위험요소가 있는 화학공장이나 정유공장을 정찰할 때 조작 미숙에 의한 오작동으로 사고가 발생한다면 어떻게 할 것인가? 이에 대한 충분한 사전 검토도 이루어져야 할 듯하다.

로봇 또한 저자가 관심이 있는 분야다. 예전에는 작업장에 사람만 있었지만, 현재 인간의 작업을 로봇이 대신하거나 로봇과 인간이 공동 작업하는 게 시도되고 있다. 그런데 사업장에서 로봇의 실수로 사람이 피해를 입는다면 누구에게 책임을 물을 것인가? 이와 같은 작업 환경 변화에 의해 인간이 받을 정신적 · 신체적 영향에 대해서도 사전에 대책을 수립해야 한다.

개인의 건강 검진 결과를 포함한 다양한 병원 진료 기록에 근거한 보건 분야의 빅데이터 활용도 주목을 받았다. 개인 건강은 유전적 요인, 평상시 앉는 자세와 같은 환경적 요인, 식사 습관 등과 같은 생활 습관이라든가 어떤 의료인을 만나는가 같은 의료적 요인으로 결정된다. 통계청 자료에 따르면 주요 사망 원인의 사망률 추이를 살펴보면 암, 심뇌혈관 질환, 자살순임을 알 수 있다.

그래서 베이비붐 세대의 퇴진과 뉴밀레니얼 세대의 등장에 따른 노동인구의 변화로 인해 발생된 조직과 개인의 육체적 · 정신적 건강 상태를 파악하려는 노력이 필요하다. 사전 허가를 득하지 않은 사람이 위험 구역에 접근할 경우 사물인터넷으로 사전 경고를 주는 시스템도 도입해야 한다. 기계 · 설비의 수명을 예측하는 프로그램 등도 필요하다.

미국 안전심리 전문가인 피터 샌드먼 교수는 현대 사회의 특징을 '사회적 위험(Social Risk)'이라고 했다. 그리고 현대의 국가 · 기업의 사회적 위험으로는 과학적 위험요인인 해저드(Hazard)와 사람의 분노인 아웃레이지(Outrage)가 있다고 했다.

즉, 사람들은 "위험을 사실(Fact) 위주로만 보고 판단하거나, 그 위험이 주는 충격 · 혐오감 · 무력감 · 분노 등에 따른 감정(Emotion)과 결합해 위험을 인식하고 평가한다"는 것이다.

3
기승전 그리고 '사람'…
휴먼웨어(Human Ware)의 중요성 발견하기

미래를 예측하는 것은 정말 어려운 일이다. 그러나 현재 우리가 당면한 다양한 문제로 유추해본다면 다음과 같은 변화가 예상된다. 즉, 저성장 경제로의 진입, 인구 · 소비 절벽과 고령화 가속, 산업구조 재편, 인공지능 · 로봇의 일반화 등 4가지로 요약될 수 있다. 또한 오프라인과 온라인의 공유경제, 기계화시대, 4차 산업혁명 등 디지털 변혁(Digital Transformation)이 진행되고 있기에 기술적 흐름의 변화도 주시해야 한다.

《소유의 종말》을 쓴 제레미 리프킨은 "미래에는 자신의 이야기를 스토리로 만들 줄 아는 사람이 요구될 것"이라고 했다. 2017년 알파고는 인간과의 바둑에서 승리하는 위업을 달성하여 전 세계 사람들에게 큰 충격을 주었다. 그러나 바둑의 기보가 없었다면 알파고의 탄생이 어려웠을 거라는 사실도 알고 있어야 할 것이다. 그 기보는 사람이 만든 것이다. 그렇기에 사람 자신에 대한 깊은 연구가 필요한 것이다. 그래서 안전관리자의 역할에도 변화가 필요한 것이다.

기존에 안전관리자의 역할은 법이나 공학적 이론에 근거해 현업을 감독하거나 간접 지원하는 것이었다. 이제는 변화되는 디지털 기술을 바탕으로 솔루션을 제공하거나 구성원(조직)의 긍정적 행동 변화를 이끌어내는 변화관리자(Change Agent) 혹은 조력자(Coordinator)의 역할을 해야 할 것이다. 스티븐 사이먼 박사는 〈안전 직종의 미래에 대해(On the Future of the Safety Profession)〉에서 변화하는 비즈니스 환경에서의 새로운 안전 전문가의 역할을 아래와 같이 정의하고 있다.

비즈니스 패러다임의 변화	안전 전문가의 과거 문화	미래 안전 전문가의 새로운 문화
자본은 곧 권력이라는 등식에서 지식이 곧 권력인 등식으로	안전은 곧 지출이다	안전은 회사에서 가장 가치있는 자산(인력)에 대한 투자다
계층적 조직에서 수평적 조직으로	행위자로서의 안전 전문가 집행자로서의 감독 정책과 절차를 통한 지시 및 통제	촉진자 · 컨설턴트 · 지도자로서의 안전 전문가 근로자의 참여 및 자율성
국내 시장에서 국제 시장으로	일원적 문화교육 재료 및 접근법 외국 소재지에 대한 낮은 규격기준	문화적 다양성은 안전 관리에 대한 접근 방식에 영향을 미친다. 총괄적 안전 · 보건 및 환경 규격
개인 위주의 임무에서 팀 위주의 임무로	안전은 안전 부서의 책임이다. 팀 구조에 안전이 포함되지 않음	훈련 · 교육받은 근로자가 이전에 전문가가 수행했던 역할 수행

비즈니스 환경에서의 새로운 안전 전문가의 역할

Source : 안전문화와 효율적 안전 관리 (p.14 스티븐 I. 시몬 박사)

연수원으로 이동 후 저자의 눈길을 끌었던 테마는 역량모델링(Competency Modeling)이었다. 역량모델링은 리더(전문가)에 대한 컨셉을 명확하게 하고 그에 맞는 역량을 정의 · 개발하는 도구(Tool)다. 이와 관련하여 2014년 처음 들었던 '역량 평가 센터(AC, Assessment Center)'와 '역량 개발 센터(DC, Development Center)'라는 개념은 저자에게 신선한 충격을 주었다. 이는 미군에 처음 도입된 뒤 민간 통신회사인 AT&T에도 도입되면서 널리 퍼졌다. 우리나라에는 2000년대 초반부터 고위급 공무원단에 먼저 도입된 뒤 점차 기업에도 전파되었다. 이는 사업가를 조기에 선발 · 육성하기 위한 도구로 활용되고 있다. 저자도 연수원에서 이 도구를 처음 접한 뒤 안전보건 부문의 리더 육성에 활용하기로 마음을 먹었다.

그렇다면 안전보건 부문의 전문가(리더)가 갖춰야 할 역량은 무엇이며, 어떻게 전략적으로 육성해야 할까? 이에 대한 연구를 연수원에서 역량 모델 전문가 등의 도움을 받아 큰 어려움 없이 진행할 수 있었다. 우선 계열사 내 임원(담당)에게서 추천받은 고성과자들을 대상으로 인터뷰를 진행하고, 구성원들에게는 그들이 생각하는 바람직한 리더상에 대해 설문조사를 함으로써 1차적으로 12개 역량을 이끌어냈다. 이후 해당 직무 경험이 풍부한 팀장들을 대상으로 검증 후 최종 9개 역량을 확정했다. 아울러 해외에서의 활용도도 높이고자 외국 문헌을 조사하고 외국 기업의 사례도 함께 연구했다.

안전보건 부문의 핵심 역량이라면 직무 관련 '전문성'을 키우고 자기 스스로에게 끊임없이 동기부여를 하는 것이 아니겠냐는 주장이 나왔다. 해당 사업에 대한 이해는 물론, 경험과 개인의 감(感)에 의한 의사결정보다는 논리나 데이터를 활용해 의사결정을 하도록 경영진을 포함한 이해관계자들을 효과적으로 지원하는 '현장 이해력'도 중요하다는 주장도 나왔다. 또한 비상사태가 발생하면 현업에 책임과 역할을 배정하는 '시스템 구축력'과 '책임 부여력'을 언급하는 사람도 있었다.

뒤늦게 알게 된 사실도 있다. 외국 회사에서는 사원 채용 시 회사가 정의한 역량을 공지한다는 점과, 그렇듯 정의된 역량에 기반해 발굴한 사례로 지원자의 역량을 파악하는 구조화된 인터뷰를 실시한다는 점이다.

4차 산업혁명 시대에 우리는 어떻게 살아야 할 것인가? '생각하는 인간'인 호모사피엔스에서 '일하는 인간'으로 회귀하고 있는 것은 아닌가 싶어 《공부력》이라는 책을 읽었다. 이 책에는 "일을 똑 부러지게 잘하는 직장인의 비밀은 남다른 '습관'을 가졌다는 것"이라고 한다. 예를 들면, "경쟁사 직원들과 자신의 위치를 객관적으로 파악한다. 세계 최고가 되겠다는 목표를 세우고 행동한다. 새로운 것에 도전하는 긍정마인드를 가지고 있다. 즉흥적이기보다 치밀한 계획을 세우고 실행하는 편이다. 업무가 시스템적으로 운영될 수 있도록 시스템을 구축한다"는 것이다.

자신만의 경쟁력을 어디에서 찾을 것인가? 아니, 이 문제에 답을 하기에 앞서 "나는 누구인가?" 그리고 "나는 왜 일하는가?"라는 근원적 · 본질적 질문을 스스로에게 해보자.

부록 5

개인(조직)의 안전 실행력 진단 설문

지금까지 학습한 내용을 바탕으로 개인(조직)별 실행도를 확인하는 설문 항목이다. 사전 설문에 비해 '실행' 중심의 설문으로 좀 더 구체적으로 구성됐으며, 현재 여러분이 속한 회사 · 사업장의 상황과 맥락에 맞게 수정해 사용해도 무방하다.

단, 설문 대상에 경영진, 안전 부문 및 현장작업자를 포함한 전체 임직원은 물론 다양한 이해관계자(협력사)를 포함시킨다면 계층 간 인식의 차이를 알 수 있고, 개선 포인트 선정의 기회로도 활용할 수 있다.

안전은 나 자신을 위한 최소한의 투자다. 아울러 구성원 모두가 지속적으로 참여할 때 성과로 이어진다. 오늘, 지금, 나부터 하나씩 실행하자.

설문 항목	1	2	3	4	5
나는 안전보건과 관련해 규정과 절차를 모두 숙지하고 있다	적극 동의 하지 않음	동의 안함	중립	동의함	적극 동의함
우리 회사는 안전과 관련해 밴치마킹을 하고 있다	적극 동의 하지 않음	동의 안함	중립	동의함	적극 동의함
우리 회사의 안전과 관련된 사항은 외부에 추천할 만하다	적극 동의 하지 않음	동의 안함	중립	동의함	적극 동의함
나는 현장(현업 · 협력사)의 목소리를 주기적으로 청취하고 진행 상황을 공유한다	적극 동의 하지 않음	동의 안함	중립	동의함	적극 동의함
회사 정문을 통과하는 모든 인원들에게 안전 및 비상시 행동 요령을 교육한다	적극 동의 하지 않음	동의 안함	중립	동의함	적극 동의함
우리 회사는 비정기적으로 비상대피 훈련을 실시한다	적극 동의 하지 않음	동의 안함	중립	동의함	적극 동의함
회사는 안전보건과 관련해 직책별 역할 · 책임을 명문화됐다	적극 동의 하지 않음	동의 안함	중립	동의함	적극 동의함
우리 회사(사업장 · 사무실)는 1년 전에 비해 더 깨끗하고 안전해졌다	적극 동의 하지 않음	동의 안함	중립	동의함	적극 동의함
회사는 사업장(직원)의 안전을 위해 안전에 대한 제안을 적극 유도하고 수용한다	적극 동의 하지 않음	동의 안함	중립	동의함	적극 동의함
회사의 안전룰(Safty-Rule)에는 안전보건 사항은 물론 환경 · 소방 관련 내용도 포함되어있다.	적극 동의 하지 않음	동의 안함	중립	동의함	적극 동의함
우리 회사의 안전룰은 5년 전과 비교시 업데이트되었기에 다르다	적극 동의 하지 않음	동의 안함	중립	동의함	적극 동의함
우리 회사 · 사업장은 안전사고나 법규 위반 가능성이 낮다	적극 동의 하지 않음	동의 안함	중립	동의함	적극 동의함
회사는 화학물질에 대한 보유 목록(Inventory)을 구축해 시스템으로 관리하고 있다	적극 동의 하지 않음	동의 안함	중립	동의함	적극 동의함
회사 내 사업장(우리나라 · 해외)의 사고 사례는 전파되고, 개선 대책도 공유된다	적극 동의 하지 않음	동의 안함	중립	동의함	적극 동의함
회사는 사고 조사 결과를 모든 구성원과 공유한다	적극 동의 하지 않음	동의 안함	중립	동의함	적극 동의함
작업 허가 시 사전 위험성 평가(작업 위험성 평가, JSA) 자료는 필수적으로 포함해야 한다	적극 동의 하지 않음	동의 안함	중립	동의함	적극 동의함
회사의 안전 목표로 국제적으로 통용 가능한 지표를 사용하고 있다	적극 동의 하지 않음	동의 안함	중립	동의함	적극 동의함
회사의 안전 목표에 선행 지표(과정 지표)도 포함 · 관리되고 있다	적극 동의 하지 않음	동의 안함	중립	동의함	적극 동의함

설문 항목	1	2	3	4	5
경영진의 안전에 대한 관심도(비용 투자, 조직 보강)는 지속적으로 증가하고 있다	적극 동의 하지 않음	동의 안함	중립	동의함	적극 동의함
회사 · 사업장은 4M 변경 시 규정에 맞춰 사전 보고하고 수정한다.	적극 동의 하지 않음	동의 안함	중립	동의함	적극 동의함
경영진 변동 시 안전보건교육을 실시하고, 관련 리스크 사항에 대해 인수인계한다	적극 동의 하지 않음	동의 안함	중립	동의함	적극 동의함
회사는 이해관계자(주민 등)에게 주기적으로 안전과 관련된 정보를 제공한다	적극 동의 하지 않음	동의 안함	중립	동의함	적극 동의함
회사는 사내에서의 안전은 물론 사외에서의 안전 목표(출퇴근 재해 등)도 관리한다	적극 동의 하지 않음	동의 안함	중립	동의함	적극 동의함
최고경영진이 서명한 회사의 안전보건 방침은 언제든지 볼 수 있도록 게시되어있다	적극 동의 하지 않음	동의 안함	중립	동의함	적극 동의함
회사는 정기적으로 임직원의 안전과 관련된 인식을 조사(설문 등)해 그 결과를 공유하고 개선한다	적극 동의 하지 않음	동의 안함	중립	동의함	적극 동의함
회사는 건강 검진 및 작업 환경 측정 결과를 분석하고 개선한다	적극 동의 하지 않음	동의 안함	중립	동의함	적극 동의함
회사는 검진 결과를 토대로 선행적인 건강(정신건강 포함) 증진 프로그램을 실시하고 있다	적극 동의 하지 않음	동의 안함	중립	동의함	적극 동의함
회사의 전략에는 안전보건과 관련된 중장기 전략과 목표가 포함됐으며, 결과를 평가한다	적극 동의 하지 않음	동의 안함	중립	동의함	적극 동의함
회사에서 실시되는 안전감사(Audit)의 수준과 효과는 실질적이며 도움이 된다	적극 동의 하지 않음	동의 안함	중립	동의함	적극 동의함
회사 내 HSE 조직(안전자문, 안전 전문가 등)은 전문성을 갖추고 있으며 효과적이다	적극 동의 하지 않음	동의 안함	중립	동의함	적극 동의함
회사 내 임직원 대상 교육(과정)에 안전교육은 필수로 포함되어있다	적극 동의 하지 않음	동의 안함	중립	동의함	적극 동의함
안전 전문 리더 · 전문가 육성을 위한 교육 시스템과 로드맵(Roadmap)이 있다	적극 동의 하지 않음	동의 안함	중립	동의함	적극 동의함
공장 · 공정 설계 등 초기 투자 단계부터 HSE 인원들이 참여해 요구 사항 및 사전 리스크를 검토한다	적극 동의 하지 않음	동의 안함	중립	동의함	적극 동의함
연구개발(초기 파일럿 단계)부터 제품 생산에 이르기까지 HSE 관련한 게이트 리뷰(Gate Review)를 실시한다	적극 동의 하지 않음	동의 안함	중립	동의함	적극 동의함
회사의 협력사(공급업체)로 선정되기 위해서는 안전 관리 능력이 필수다	적극 동의 하지 않음	동의 안함	중립	동의함	적극 동의함
나는 회사의 비상시나리오 중 최악의 상황(Worst 5)을 알고 있으며, 훈련도 받았다	적극 동의 하지 않음	동의 안함	중립	동의함	적극 동의함

설문 항목	1	2	3	4	5
니어미스를 포함한 사건 · 사고 정보가 즉시 공유된다	적극 동의 하지 않음	동의 안함	중립	동의함	적극 동의함
나는 스스로 판단하여 불안전한 사항에 대한 시정 조치 및 기타 안전 조치를 할 수 있는 권한이 있다	적극 동의 하지 않음	동의 안함	중립	동의함	적극 동의함
우리 회사는 안전 성과에 대해 모든 사람에게 규정된 징계와 보상을 실시한다	적극 동의 하지 않음	동의 안함	중립	동의함	적극 동의함

안전의 A~Z와 설문 항목

세부 내용	설문 항목
Awareness	나는 안전보건과 관련해 규정과 절차를 모두 숙지하고 있다
Benchmarking	우리 회사는 안전과 관련해 벤치마킹을 하고 있다
	우리 회사의 안전과 관련된 사항은 외부에 추천할 만하다
Communication	나는 현장(현업 · 협력사)의 목소리를 주기적으로 청취하고 진행 상황을 공유한다
	회사 정문을 통과하는 모든 인원들에게 안전에 대해 교육하고, 비상시 행동 요령도 교육한다
Drill	우리 회사는 비정기적으로 비상대피훈련을 실시한다
Execution	회사는 안전보건과 관련해 직책별 역할과 책임을 명문화하고 있다
Fundamental	우리 회사(사업장 · 사무실)는 1년 전에 비해 더 깨끗하고 안전해졌다
	회사는 사업장(직원)의 안전을 위해 안전과 관련된 제안을 적극 유도하고 수용한다
Golden Rule	회사의 안전룰에는 안전보건 사항은 물론 환경 · 소방 관련 내용도 포함됐다.
	우리 회사의 안전룰(항목)은 5년 전과 비교 시 업데이트되었기에 다르다
Hazard Recognition	현재 우리 회사 · 사업장은 안전사고나 법규 위반 가능성이 낮다
	회사는 화학물질에 대한 목록(Inventory)을 구축해 시스템으로 관리하고 있다
Investigation	회사 내 사업장(우리나라 · 해외)의 사고 사례는 전파되고 개선 대책도 공유된다
	회사는 사고 조사 결과를 모든 구성원과 공유한다
Job Safety Analysis	작업 허가 시 사전 위험성 평가(JSA, 작업 위험성 평가) 자료는 필수적으로 포함해야 한다
KPI	회사의 안전 목표로는 국제적으로 통용 가능한 지표를 사용하고 있다
	회사의 안전 목표에는 선행 지표(과정 지표)도 포함 · 관리되고 있다
Leadership	경영진의 안전에 대한 관심도(비용 투자, 조직 보강)는 지속적으로 증가하고 있다

세부 내용	설문 항목
4M (Man, Machine, Material, Method)	회사 · 사업장은 4M 변경 시 규정에 맞춰 사전 보고하고 수정한다.
	경영진 변동 시 안전보건교육을 실시하고, 리스크 사항에 대해 인수인계한다
Network	회사는 이해관계자(주민 등)에게 주기적으로 안전과 관련된 정보를 제공한다
Off-the-job Safety	회사는 사내에서의 안전은 물론 사외에서의 안전 목표(출퇴근 재해 등)도 관리한다
Policy	최고경영진이 서명한 회사의 안전보건 방침은 언제든지 볼 수 있도록 게시되어있다
Quantitative	회사는 정기적으로 임직원의 안전과 관련 인식을 조사(설문 등)해 그 결과를 공유하고 개선한다
Resilience	회사는 건강 검진 및 작업 환경 측정 결과를 분석하고 개선한다
	회사는 검진 결과를 토대로 선행적인 건강(정신건강 포함) 증진 프로그램을 실시하고 있다
System	회사의 전략에는 안전보건과 관련된 중장기 전략과 목표가 포함되어있으며 그 결과를 평가한다
	회사에서 실시되는 안전감사(Audit)의 수준과 효과는 실질적이며 도움이 된다
	회사 내 HSE 조직(안전자문, 안전 전문가 등)은 전문성을 갖추고 있으며 효과적이다
Training	회사 내 임직원 대상 교육(과정)에 안전교육은 필수로 포함됐다
	안전 전문 리더 · 전문가 육성을 위한 교육 시스템과 로드맵(Roadmap)이 있다
Universal Design	공장 · 공정 설계 등 초기 투자 단계부터 HSE 인원들이 참여해 요구 사항 및 사전 리스크를 검토한다
	연구개발(초기 파일럿 단계)부터 제품 생산에 이르기까지 HSE 관련한 게이트 리뷰(Gate Review)를 실시한다
Value Chain	회사의 협력사(공급업체)로 선정되기 위해서는 안전 관리 능력이 필수적이다
Worst Case	나는 회사의 비상시나리오 중 최악의 상황(Worst 5)을 알고 있으며, 훈련도 받았다
Experience	니어미스를 포함한 사건 · 사고 정보가 즉시 공유된다
You	나는 스스로 판단하여 불안전한 사항에 대한 시정 조치 및 기타 안전 조치를 할 수 있는 권한이 있다
Zero Tolerance Rule	우리 회사는 안전 성과에 대해 모든 사람에게 규정된 징계와 보상을 실시한다

권말 부록

안전의 A~Z

1 | 천만 번의 생각보다 한 번 움직이기 실천 가이드 (안전의 A~ Z)

4년여 동안 안전 우수기업을 벤치마킹하고 전문가분들에게서 들었던 내용을 기초로 키워드를 이끌어냈다.

영어 표현은 안전뿐만 아니라 경영에서도 많이 활용되는 단어를 차용했다. 따라서 본래 의미와 다를 수 있다.

키워드는 계속 업데이트될 예정이다.

영어	키워드	영어	키워드
Awareness	안전 지식 관련 나의 현 수준 파악	Network	비상대응체계 구축
Benchmarking	동종 · 이종 산업에서 배우고 실천하기 사전 질의 사항 정리하기	Off-the-job Safety	사외 안전 중시 및 관리
Communication	이해관계자 정의 및 그들의 목소리 청취	Policy	최고 경영진이 서명한 회사 방침 게시 및 공지
Drill	응급처치, 소방훈련 참고 및 임무 숙지 (소화기, 소화전, 완강기, 심폐소생술, AED)	Quantiative	안전(사고, 니어미스) · 보건 통계
Execution	전원 참여 유도, 우수사례를 체크리스트로 만듦	Resilience	스트레스 관리, 보건 / 심리 상담
Fundamental	5S(정리, 정돈, 청소, 청결, 습관화) 정문을 출입하는 모든 사람에게 공지 및 적용	System	DSRS 같은 회사 고유의 경영 시스템 보유
Golden rule	사고 리뷰를 통한 '누구나 지킬 수 있는' 룰	Training	그들의 언어로, 스토리텔링, 상호작용
Hazard	제거-대체-공학적 개선-관리적 조치-PPE를 사용하는 위험예지훈련 (작업 · 공정) 위험성 평가	Universal Design	사용자 중심의 설계 / 디자인
Investigation	사고의 근본 원인 조사 및 공유, 기록을 중시하는 문화	Value Chain	제품 / 서비스 설계 및 기획, 연구개발(R&D) 단계부터 HES를 고려한 공급망 · 가치사슬 관리
Job Safety Analysis	업데이트되는 표준과 매뉴얼, 위험예지훈련	Worst Case	비상대응체계 수립, 시나리오 플래닝(BCM)
KPI	선행 지표 포함, 글로벌 통용 여부	Experience	사고 사례 공유 및 수평 전개 활동
Leadership	경영층-안전보건 / 라인 관리자-현장	You	'안전'을 나의 일로 받아들임
4M	작업자(Man), 기계 · 설비(Machine), 원자재(Material), 작업 방법(Method)	Zero tolerance rule	100-1 = 0 (전원 참여, 무관용의 원칙)

2.1 | 현재 여러분이 몸 담고 있는 회사 · 사업장의 현 수준이나, 다른 회사를 방문할 경우 안전 수준을 빠르게 파악할 수 있는 체크리스트

각각의 항목은 4년여 동안 안전 우수기업을 벤치마킹 시 직접 보고 들었던 내용과 전문가분들의 실제 경험을 결합해 자주 언급되거나 중요시되는 필수항목으로 재구성했다.

우리 회사/사업장의 수준 평가

항목	YES	NO
정문을 통과하는 모든 이에게 안전규칙, 비상시 행동 요령을 교육한다	☐	☐
회사 정문에 비상시 대피 계획, 집결지가 한글(외국어)로 표시되어있다	☐	☐
우리 회사 구성원들은 계단 이용 시 손잡이를 잡고 이동한다	☐	☐
모든 구성원이 안전교육/소방훈련에 참석한다	☐	☐
우리 회사의 안전 활동에는 출퇴근 시의 안전도 포함되어있다	☐	☐
경영층의 안전 리더십 활동(예: 강의, 이메일, 현장경영 등)을 자주 본다	☐	☐
우리 회사 고유의 안전보건 시스템을 갖추고 있다	☐	☐
사업장 사고는 물론 회사 내 모든 사고에 대해 즉시, 모두 공유된다	☐	☐
나의 업무 목표에 안전환경 관련 항목(KPI)이 포함되어있다	☐	☐
안전규정을 위반하면 동료(조직)가 지적 · 수정을 권유한다	☐	☐

위의 항목은 앞에서 언급된 26가지 내용을 포함하기도 하며, 여러분 회사 · 사업장의 안전문화 수준을 향상시키기 위한 실행 아이템을 선정하는데 활용될 수도 있을 것이다.

2.2 | 해외 법인 · 지사 방문 시 한눈에 파악하는 안전 문화 수준

교육 과정 기획이나 업무로 중국 등으로의 해외 출장을 준비하면서 공항에 생면부지의 나를 데리러 나오는 현지인을 만날 때부터 긴장감이 들었다. 또한 LG 그룹의 안전보건교육 담당자로서 짧은 출장 기간 동안에 처음 가보는 법인의 안전문화 수준을 어떻게 파악할 수 있을까 고민했다. 물론 눈에 보이는 것이 모든 사실을 말해주지는 않지만, "안전은 소통이며 실행이다"라는 관점에서 저자가 정리한 부분을 공유한다.

공항	기사가 식별 가능한 'Welcome Board'를 들고 있는가?
공항-법인	기사가 차량 출발 전 안전벨트를 하는가?
운전	운전 중 기사가 전화를 하는가?
운전	누군가로부터 기사에게 전화가 왔을때 어떻게 응대하는가?
교통수칙	차량 규정 속도 및 신호를 잘 준수하는가?
정문 통과	방문객에 대한 안전교육(비상시 행동 · 대처 요령 등)을 실시하는가?
법인장 / 공장장 방문	그룹/계열사 안전환경 방침이 게시되어있는가?
현장	협력사 직원 포함 보행 통로를 준수하는가?
현장	임원 · 관리자 등의 차량은 규정된 장소에 정차되어있는가?
현장	보행 중 전화가 왔을 때 어떻게 하는가?
현장	교차로 보행 시 좌우를 확인한 후 건너는가?
현장	협력사 포함 보호구를 착용하고서 작업하는가? 예) 원료/제품 (언)로딩, 지게차 상차 작업, 고소 작업, 화기 작업 등
사무실	소화기, 소화전, AED 설비 및 비상대피로 표지가 비치되어있는가? 예) 소화기 점검 일시, 비상대피 계획, 비상연락처(전화번호) 등
사무실	정리 · 정돈, 분리 수거 및 사무실 소등을 잘하는가?
식당	게시판에 관련 내용이 게시 또는 주기적으로 업데이트 되는가?
흡연실	지정된 시간 · 장소에서 흡연을 하고 있으며, 소화설비는 비치되어있는가?
화장실	청소 · 청결 상태는 양호한가?

안전보건 실행 관점에서 상기 사항을 보면 실제로 하고 있는 회사와 말

로만 하는 회사의 차이를 알 수 있다. 여러분 회사의 사업장은 물론 해외 법인 · 지사와도 공유해 점검 · 개선 방향 수립을 위한 지혜를 모으는 데 활용해보는 것을 권하는 바이다.

2.3 | 사업 이슈 파악 및 현장의 목소리 청취를 위한 사전 니즈 조사서

성명		직위		회사		부서	
총 근속년수 (안전 · 보건 · 환경 · 소방 구분)	총 (　　)년 : 안전 (　　)년, 보건 (　　)년, 환경 (　　)년, 소방/방재 (　　)년						
근속 기간 중 안전보건 환경 관련 주요 업무 경험	■ ■ ■						
현 소속 사업장(회사)의 (안전 · 보건 · 환경) 관련 주요 이슈	■ ■						
2018년 내 본인 주요 업무 (업무 목표 합의서상)	■ 업무 1: ■ 업무 2: ■ 업무 3:						
안전환경 부문에 대한 연구개발/생산/스태프 부문의 목소리 청취	■ 연구개발 : ■ 생산 : ■ 생산 외 스태프 :						

- **4박 5일 과정 내 편성된 과목 중 본인이 관심 혹은 궁금한 과목에 대한 요구 사항을 아래에 구체적으로 작성해주십시오.**
  (과목: 산업안전보건법, 개인안전보건 실습, 소방 , 위험성 평가, 산업보건, 화평법/화관법, 환경 관련 법규, 개인보호장비 등

해당 과목	
궁금한 사항	

3.1 | 사업주가 알아야 할 산업안전보건법 10계명

1. 제5조: 사업주의 의무
2. 제10조: 산업재해 발생 기록 및 보존. 산업재해로 사망자 또는 3일 이상 휴업이 필요한 부상자 · 질병자가 발생하는 경우 산업재해 조사표를 작성해 관할 지방고용노동관서장에게 제출 [발생한 날로부터 1개월 이내]
3. 제12조: 안전 · 보건 표지의 부착
4. 제23조: 안전 조치
5. 제24조: 보건 조치
6. 제31조: 안전보건교육
   - 정기 교육: 사무직, 판매 업무 종사 근로자(매분기 3시간 이상), 사무직, 판매 업무 종사 근로자 외(매분기 6시간 이상)
   - 채용 시 교육: 8시간 이상
   - 작업 내용 변경 시 교육: 2시간 이상
   - 특별 교육: 유해하거나 위험한 작업 수행 근로자에 대해 16시간 이상
7. 제33조: 유해하거나 위험한 기계 · 기구 등의 방호 조치
8. 제41조: 물질 안전보건 자료 작성 · 비치
9. 제42조: 작업 환경 측정
   - 소음, 분진, 화학적 인자 등 유해인자(191종)에 노출되는 근로자가 있는 작업장의 경우 건강 보호 및 쾌적한 작업 환경 조성

을 위해 작업 환경 측정 실시(1회/6개월)

10. 제43조: 건강 진단

- 일반 건강 진단: 모든 근로자(사무직: 1회/2년, 그밖의 근로자: 1회/1년)
- 특수 건강 진단: 화학물질, 소음, 분진, 야간작업 등 유해인자(179종)에 노출되는 근로자
- 배치 전 건강 진단: 특수 건강 진단 대상 유해인자에 노출되는 업무에 배치되는 근로자

* 검진 결과 건강이상자(유소견자)에 대해 작업 장소 변경, 근로시간 단축, 시설 · 설비의 설치 · 개선 등 건강 보호 조치 이행

3.2 | 안전보건 관리 담당자의 업무 체크리스트

본 자료는 안전보건공단 홈페이지(www.kosha.or.kr)에서 제공한 자료로, 산업안전보건법과 연계된 안전보건 관리 업무 담당자의 일반적인 업무 체크리스트다.

2018-교육미디어-000

산재 사고사망 절반으로 줄입시다!

안전보건관리담당자의 업무 체크리스트

<table>
<tr><th>구 분</th><th>세부 업무</th><th>비 고</th></tr>
<tr><td>법 제31조에 따른
안전·보건교육
실시에 관한
보좌 및 조언·지도</td><td>☐ 교육 시간 적정 및 특별교육 대상 업무(시행규칙 별표8의2) 보유 여부 확인
<table>
<tr><th>교육구분</th><th>교육대상</th><th>교육시간(일반근로자)</th></tr>
<tr><td>정기교육</td><td>근로자 및 관리감독자</td><td>* 분기 당 6시간
* 관리감독자 : 연간 16시간</td></tr>
<tr><td>채용 시 교육</td><td>채용 후 직무 배치 전 근로자</td><td>8시간</td></tr>
<tr><td>작업내용 변경 시 교육</td><td>변경된 직무 배치 전 근로자</td><td>2시간</td></tr>
<tr><td>특별교육</td><td>법정 고위험 직무 배치 전 근로자</td><td>16시간</td></tr>
</table>
☐ 근로자 교육 내용 및 강사 자격(교육규정 별표1)의 적정성 확인
☐ 근로자 교육 실시 증명 서류(교육일지 등) 보관 여부 확인</td><td></td></tr>
<tr><td>법 제41조의2에 따른
위험성평가에 관한
보좌 및 조언·지도</td><td>☐ 위험성평가 방법, 절차, 시기 등의 적정성 확인
☐ 위험성 감소대책 및 추진일정의 적정성 확인
☐ 위험성평가 실시내용* 및 결과 서류 기록·보관(3년)의 적정성 확인
* 위험성평가 대상의 유해·위험요인, 위험성결정의 내용, 조치 내용 등</td><td></td></tr>
<tr><td>법 제42조에 따른
작업환경측정 및
개선에 관한
보좌 및 조언·지도</td><td>☐ 작업환경측정대상 유해인자(시행규칙 별표11의5) 보유 및 노출 근로자 확인
☐ 작업환경측정방법(시행규칙 제93조의3) 및 측정횟수(시행규칙 제93조의4) 적정성
☐ 작업환경측정 결과 보고* 및 서류 보관(5년)의 적정성
* 시료채취를 마친 날부터 30일 이내</td><td></td></tr>
<tr><td>법 제43조에 따른
건강진단에 관한
보좌 및 조언·지도</td><td>☐ 건강진단 종류(시행규칙 제98조) 및 건강진단 실시 시기(시행규칙 제99조) 적정성
☐ 특수건강진단대상 업무(시행규칙 별표 12의2) 보유 및 대상 근로자 확인
☐ 건강진단별 검사항목 및 실시방법의 적정성(시행규칙 별표 12의2) 확인
☐ 건강진단 결과 보고* 및 서류 보관(5년)의 적정성
* 진단기관은 건강진단 실시일로부터 30일 이내 근로자에게 송부</td><td></td></tr>
<tr><td>산업재해 발생의 원인
조사, 산업재해 통계의
기록 및 유지를 위한
보좌 및 조언·지도</td><td>☐ 산업재해 발생보고* 및 재해원인조사 절차의 적정성 확인
* 사망자 발생 또는 3일 이상 휴업이 필요한 부상 또는 질병이 발생한 경우 발생일로부터 1개월이내 고용부 제출
☐ 산업재해 원인조사 내용* 및 기록·보존(3년)의 적정성 확인
* ① 사업장의 개요 및 근로자의 인적사항 ② 재해발생 일시·장소 ③ 재해발생 원인 및 과정 ④ 재해 재발방지 계획</td><td></td></tr>
<tr><td>산업안전·보건과
관련된 안전장치 및
보호구 구입 시
적격품 선정에 관한
보좌 및 조언·지도</td><td>☐ 안전인증대상 안전장치, 방호장치, 보호구 대상 확인
* (기계·기구 및 설비) ① 프레스 ② 전단기 및 절곡기 ③ 크레인 ④ 리프트 ⑤ 압력용기 ⑥ 롤러기 ⑦ 사출성형기 ⑧ 고소작업대 ⑨ 곤돌라 ⑩ 기계톱(이동식만 해당)
* (방호장치) ① 프레스 및 전단기 방호장치 ② 양중기용 과부하방지장치 ③ 보일러 압력방출용 안전밸브 ④ 압력용기 압력방출용 안전밸브 ⑤ 압력용기 압력방출용 파열판 ⑥ 절연용 방호구 및 활선작업용 기구 ⑦ 방폭구조 전기기계·기구 및 부품 ⑧ 추락·낙하 및 붕괴 등의 위험 방지 및 보호에 필요한 가설기자재
* (보호구) ① 추락 및 감전 위험방지용 안전모 ② 안전화 ③ 안전장갑 ④ 방진마스크 ⑤ 방독마스크 ⑥ 송기마스크 ⑦ 전동식 호흡보호구 ⑧ 보호복 ⑨ 안전대 ⑩ 차광 및 비산물 위험방지용 보안경 ⑪ 용접용 보안면 ⑫ 방음용 귀마개 또는 귀덮개</td><td></td></tr>
</table>

고용노동부 안전보건공단

3.3 | 보건관리자 업무 체크리스트

본 자료는 안전보건공단 홈페이지(www.kosha.or.kr)에서 제공한 자료로, 여러분이 속한 회사 · 사업장에 맞춰 추가 작업이 필요하다. 예를 들면, 작업 환경의 경우 실제 사업장에서 사용하는 유해 · 위험 물질에 대한 내용을 업데이트하고, 현장에서 작업하는 사람들이 자가점검용 체크리스트로 활용할 수 있도록 수정해야 한다.

분야	세부 항목
계획 수립 및 평가	ㅁ 보건 관리 사업, 계획 수립(년간)/평가
작업 환경	ㅁ 작업장에서 발생되는 유해 · 위험 물질 파악 – 소음, 분진(6종), 고열, 금속가공유, 유기화합물(113종), 금속류(23종), 산 · 알칼리류(17종), 가스상 물질류(15종), 허가 대상 물질류(14종) ㅁ 작업장에서 발생되는 유해인자에 근로자들의 노출 현황 파악
	ㅁ 작업 환경 측정 실시 ㅁ 작업 환경 측정 결과를 근로자에게 설명하고, 문제점 개선
	ㅁ 사용 물질 – 해당 물질의 물질 안전보건 자료 확보 · 비치 · 교육 여부 – 경고 표지 및 위험 문구 부착 여부
	ㅁ 환기 · 국소배기장치 설비 작동 여부
	ㅁ 적합한 보호구 비치 · 착용 · 관리 여부 – 호흡보호구 밀착도 체크
작업 조건 관리	ㅁ 공학적 개선 및 지도 – 무리한 자세, 불안정한 자세를 유발하는 공정 파악 – 중량물 취급 또는 근골격계에 부담을 주는 작업 파악
	ㅁ 작업 조건에 대한 분석 – 작업 강도 · 부하, 장시간 근로 등에 대한 분석 실시
	ㅁ 스트레칭 및 체조 실시
	ㅁ 직무스트레스에 대한 분석 · 평가
건강 관리	ㅁ 일반 건강 진단 및 특수 건강 진단 대상 파악
	ㅁ 건강이상자 및 질병유소견자 관리
	ㅁ 근로자의 유병결근율 관리
	ㅁ 건강 증진 운동 추진에 관한 지도 – 건강 증진 운동 추진을 위한 계획 수립
	ㅁ 기초질환 관리 및 건강 증진에 관한 지도 – 기초질환 보유 근로자 파악 · 관리 여부 확인 – 금연 · 운동 · 영양 · 절주 등 건강 증진을 위한 활동 실시
	ㅁ 업무 복귀 근로자에 대한 지원 – 업무의 적정 배치, 재활훈련에 대한 프로그램 수립 여부

3.4 | 자위 소방대 임무 편성/장비 구성 및 점검 시 지적 사항

아래의 표는 화재 발생 시 여러분 회사 · 사업장의 행동 요령인 자위 소방 활동에 대한 내용이다. 자위 소방 활동은 '화재 예방, 소방시설 설치 유지 및 안전 관리에 관한 법률' 시행규칙에 의거해 화재 시 소방안전 관리 대상물 및 재실자의 화재 시 안전 확보를 위한 필수요소를 포함하고 있다. 규모나 용도 등의 특성을 고려해 편성하되, 통상적인 내용은 아래와 같다.

자위소방대 각 팀별 임무 내용 (관련 법률 시행령 제24조)

팀별	임무
지휘통제팀	▲ 지휘통제 거점 확보(수신반이 있는 장소, 종합방재실 – 방재센터) ▲ 화재 상황 모니터링 및 정보 수집 ▲ 인력 및 장비 지원
비상연락팀	▲ 화재 발견 및 전파(비상방송 설비 또는 확성기 등 장비 이용) ▲ 화재 신고(119로 신고) ▲ 대원 소집 및 임무 사항 ▲ 관계 기관 상황통보 및 연락
초기소화팀	▲ 화재 현장에서 초기 소화(소화기 · 옥내 소화전 이용) ▲ 자동식 소화설비의 수동 기능
피난유도팀	▲ 피난개시 명령 및 효율적 피난장소(계단실, 전실 등)로 유도 ▲ 피난 유도 시 개별 식별 및 장비를 활용하여 피난 유도 실시 ▲ 재집결지로 최종 피난 유도 ▲ 중요 문서, 데이터 및 문화재 등 비상 반출
응급구조팀	▲ 주요 응급 상황 발생 시 응급 조치 ▲ 현장 응급의료소 설치 지원
방호안전팀	▲ 화재 확산 방지 ▲ 건축설비의 자동 제어 ▲ 위험물질의 이동 및 공급 차단

Source: 한국소방안전협회 소방안전관리자 실무 교재 내 자위 소방 조직 업무 활동

또한 팀별 장비 구성은 아래 내용과 같다.

1. 비상연락: 휴대용 확성기. 비상연락망, 휴대용 무전기

2. 초기 소화: 방화복, 소화기, 파괴용구

3. 응급구조: 응급처치 장비, 자동심장충격기(AED), 들것

4. 방호안전: 건축도면, 랜턴 및 기타 설비 조작기구

5. 피난 유도: 유도봉, 야광안전조끼, 휴대용 랜턴, 휴대용 확성기

Source: 한국소방안전협회 소방안전관리자 실무 교재 내 팀별 장비 구성

3.5 | 감정노동 수준 평가표

다음의 설문은 귀하의 감정노동의 수준을 평가하기 위하여 만들어진 것입니다.
현재의 업무 수행 상황을 토대로 아래의 설문에 대한 귀하의 생각과 가장 가까운 곳에 V표 하여주시기 바랍니다.

영역	설문 문항	전혀 그렇지 않다	약간 그렇지 않다	약간 그렇다	매우 그렇다
감정 조절의 요구 및 규제	1. 고객에게 부정적인 감정을 표현하지 않으려고 의식적으로 노력한다	1	2	3	4
	2. 고객을 대할 때 회사의 요구대로 감정 표현을 할 수 밖에 없다	1	2	3	4
	3. 업무상 고객을 대하는 과정에서 나의 솔직한 감정을 숨긴다	1	2	3	4
	4. 일상적인 업무 수행을 위해서는 감정을 조절하려는 노력이 필요하다	1	2	3	4
	5. 고객을 내할 때 느끼는 나의 감성과 내가 실제 표현하는 감정은 다르다	1	2	3	4
고객 응대의 과부하 및 갈등	6. 공격적이거나 까다로운 고객을 상대해야 한다	1	2	3	4
	7. 나의 능력이나 권한 밖의 일을 요구하는 고객을 상대해야 한다	1	2	3	4
	8. 고객의 부당하거나 막무가내의 요구로 업무 수행의 어려움이 있다	1	2	3	4
감정 부조화 및 손상	9. 고객을 응대할 때 자존심이 상한다	1	2	3	4
	10. 고객에게 감정을 숨기고 표현하지 못할 때 나는 감정이 상한다	1	2	3	4
	11. 고객을 응대할 때 나의 감정이 상품처럼 느껴진다	1	2	3	4
	12. 퇴근 후에도 고객을 응대할 때 힘들었던 감정이 남아있다	1	2	3	4
	13. 고객을 대하는 과정에서 마음의 상처를 받는다	1	2	3	4
	14. 몸이 피곤해도 고객들에게 최선을 다해야 하니 감정적으로 힘들다	1	2	3	4
조직의 감시 및 모니터링	15. 직장이 요구하는 대로 고객에게 잘 응대하는지 감시를 당한다(CCTV등)	1	2	3	4
	16. 고객의 평가가 업무 성과 평가나 인사고과에 영향을 준다	1	2	3	4
	17. 고객 응대에 문제가 발생했을 때, 나의 잘못이 아닌데도 직장으로부터 부당한 처우를 받는다	1	2	3	4
조직의 지지 및 보호체계	18. 고객 응대 과정에서 문제가 발생 시 직장에서 적절한 조치가 이루어진다	4	3	2	1
	19. 고객 응대 과정에서 발생한 문제를 해결하고 도와주는 직장 내 공식적인 제도와 절차가 있다	4	3	2	1
	20. 직장은 고객 응대 과정에서 입은 마음의 상처를 위로받게 해준다	4	3	2	1
	21. 상사는 고객 응대 과정에서 발생한 문제를 해결하기 위해 도와준다	4	3	2	1
	22. 동료는 고객 응대 과정에서 발생한 문제를 해결하기 위해 도와준다	4	3	2	1
	23. 직장 내에 고객 응대에 관한 행동 지침이나 매뉴얼(설명서, 안내서)이 마련되어있다	4	3	2	1
	24. 고객의 요구를 해결해줄 수 있는 권한이나 자율성이 나에게 주어져 있다	4	3	2	1

SOURCE : 안전보건공단

4 | 최고경영진의 현장 방문 시 점검표(Executive Pocket Checklist)

최고경영진이 사업장의 생산라인, 물류 센터, 고객 · 대리점 등 현장을 방문하는 기회는 많다.

대개는 구성원들을 격려하기 위해 방문하는 것일 텐데, 기왕이면 안전을 생산, 품질, 비용 절감 등과 마찬가지로 중요하게 여긴다는 것을 방문 시에 보여주는 '가시적 리더십(Visible Leadership)'을 행하는 것도 좋을 것이다.

그래서 298~300페이지와 같은 표를 소개하는 바이다.

Checklist item	Result	
Safety Instruction	Good	Fix it
Rules are clearly displayed		
Known and followed by all employees		
New comers and visitors receive a plant safety instruction		
Fire / Emergencies		
Extinguishers in place, clearly marked for type of fire and recently serviced		
Adequate direction notices for fire exits		
Emergency exit door easily opened from inside		
Emergency exit free of obstructions		
Fire alarm system functioning correctly (if installed)		
Fire evacuation drills carried out		
Electrical		
No broken plugs, sockets or switches		
No frayed or damaged cords		
Portable power tools in good condition		
No temporary extension cords on the floor		
Emergency shut-down procedures in place		
Earth leakage circuit breakers installed where required		
Equipment and tools		
Tools in good condition		
Adequately guarded		
Adequately maintained		
Starting and stopping devices within easy reach of operator		
Provision for storage and waste		
Drip pans on floor to prevent spillage		
Adequate work space around machine		
Satisfactory task lighting		
No bending/stopping required		
Cover rotating shafts and other parts e.g. by grids		
Control clearly marked and maintained		
Correct tools used for task		
Storage		
Items stored correctly		
Storage designed to minimize lifting problems. i.e. items located between		
Walking space clear		
General condition of racks and pallets		

Checklist item	Result	
General Lighting		
Adequate lighting for the job		
Use natural light where possible		
Good light reflection from walls and ceilings		
Light fittings clean and in good condition		
Walkways, Stairs and Ladders		
Oil and grease removed		
Entry and walkways kept clear		
No electrical leads crossing walkways		
No obstruction of vision at intersections		
Stairs in good condition		
Anti-slip tread on stairs		
Handrails in place		
Use of appropriate ladders in good condition		
Fall protection, if required		
General Housekeeping		
Clear of rubbish		
Tools not in use kept in place		
Flexible hoses and tools in working areas		
Chemicals on site		
MSDS for all chemicals used at the workplace		
Containers clearly labeled correctly		
Correct disposal in undertaken		
Is there appropriate storage for chemicals?		
Is there a safety shower and eye wash station?		
Does the employee know where they are		
Does the employee know where the breathing air is?		
Is PPE signage present?		
Is PPE worn and in good condition?		
First Aid		
First Aid Box/Cabinet available		
Employee aware of location of first aid box/cabinet		
Adequate stocks available		
Records kept on use of first aid box		
Emergency telephone numbers displayed		
Adequate first aid available		
Building Construction		

Checklist item	Result	
Issue a corrosion prevention program		
Label the max. load of lifting devices		
Eliminate stumble point(e.g.cracks on the floor, grids of shape, edges)		
Manual Handling		
Unnecessary manual handling eliminate		
Loads to be within the employees capabilities		
Training provided on the mechanical aids and proper lifting techniques		
Teamwork used when required		
Transportation Safety		
PPE required at the loading/unloading station is worn		
Tire condition(min.1.6mm)		
Wheel chock is placed properly during loading/unloading		
Safety rope is used by loading/unloading personnel for bulk cargo		

에 필 로 그

눈에 보이는 무엇인가를 하나의 용어로 정의하기란 어려운 일이다. 그것은 아마 정의하는 사람마다의 경험 여부와 지식의 깊이에 따라 다를 수 있다.

머릿속 생각으로만 표현됐던 사랑이 머리에서 가슴으로 내려오는데 많은 시간이 걸렸다는 어느 성직자의 말씀이 생각난다. 더욱이 눈에 보이지 않는 위험요소를 제거하거나 감소시키는 안전의 가치를 조직 구성원 모두의 문화로 정착시키기란 쉽지 않은 일임에 틀림없다.

국제적으로 통용되는 경영 시스템이 다루는 범위가 품질 · 환경 분야에서 최근에는 안전보건과 비즈니스 연속성 분야로 확대되고 있다. 또한 조직의 최고경영진을 포함한 임원분들이 '안전'에 대한 조직과 투자를 확대하는 것 또한 긍정적인 신호다. 그러나 '안전'이 실제 현업에서 구동되며 조직의 지속 성장을 위한 기본 요건으로 임직원들의 마음에 자리 잡기까지는 시간이 어느 정도 필요하리라 본다.

안전 분야의 실무자가 아닌 교육기획자였던 저자는 이론적인 지식과 경험이 많이 부족했다. 하지만 "지혜가 있는 자는 지혜를 내고, 지혜가 없는 자는 땀을 흘려라"라는 말이 있다. 그 말에 따라 4년 반이라는 기간 동안 안전 우수기업들을 방문하며 만났던 최고경영자, HSE 임원, 국내 기업과 다국적 기업의 실무자 분들에게서 하나둘씩 보고 배운 내용을 정리하고자 마음먹었다. 또한 회사에서 다른 직군 대비 존재감이 상대적으로 낮았으나 주어진 일을 묵묵히 하고 있는 타사의 HSE 담당자들과도 공유하고픈 바람이 있었을 수도 있다.

"지키는 사람 10명이 있어도 도적 1명을 못 당한다"는 말이 있다. 사고 예방을 위해 시스템과 룰을 만들어 감시해도 다양한 이유로 지키지 않거나 위반하는 사람들을 찾아내는 것은 어렵다. 과거 안전과 관련된 활동을 '완장' 혹은 '내부감독기관'이라고 부르며 수동적 · 강제적으로 추진한 결과는 여러분이 잘 알고 있으리라. 이제는 구성원 모두가 주도적 · 자율적으로 안전을 추구해야 한다.

이를 위해 최고경영진은 솔선수범과 언행일치 같은 눈에 보이는 안전 관련 활동을 구성원들 앞에서 해야 한다. 또한 개인은 각자가 맡은 영역에서의 역할과 책임을 이해하고 '신해행증(信解行證)'의 안전 리더십을 실천해야 한다. 이를 통해 조직에서는 안전을 제대로 지키고 실천하는 것이 사업에 궁극적으로 유익하다는 GSGB(Good Safety is Good Business)로 확대시켜야 한다. 안전은 특정 분야만의 업무가 아니라 우리 모두가 자기 삶의 리더로서 적극적 · 능동적으로 참여하고 행동할 때 비로소 조직 내 문화로 만들어지기 때문이다.

리더란 다른 사람이 따르도록 하는 존재이기에 스스로 노력해서 존경받는 수준에 도달해야 한다. 주도적이며 성과를 내는 사람으로서 갖춰야 할 항목을 이나모리 가즈오를 통해서 알아보고자 한다. 교세라 그룹의 창업자인 이나모리 가즈오는 파산 직전의 일본항공(JAL)을 8개월 만에 흑자경영으로 전환시킨 경영의 신(神)이다. 이나모리 가즈오는《회사는 어떻게 강해지는가》에서 인생방정식을 소개하고 있다.

"인생의 방정식(인생 · 업무의 결과) = 열정×능력×사고방식"

열정과 능력은 0에서 100 사이의 값을 가진다. 능력은 바로 측정이 가능하나, 열정은 '간절함'이나 '절실함'의 깊이에 따라 그 값이 다를 수 있다. 사고방식은 부정적 사고인 '-100'에서 긍정적 사고인 '+100'까지의 범위를 지니고 있다. 긍정적 사고란 자신을 포함한 다른 사람들에게도 이로운 행동을 하는, 즉 자리이타(自利利他)의 사고방식으로서 무한대의 시너지를 낼 수 있다.

앞서 언급한 안전 리더십을 하루 아침에 실천하기란 어렵다. 그러나 작지만 하나둘씩 실천하는 개인과 조직이 많아지고, 그것이 조직 내 문화와 역량으로 축적된다면 비현실적인 탁상공론으로 그치지는 않을 것이다.

"한 사람이 꿈을 꾸면 꿈이지만, 만인이 꿈을 꾸면 현실이 된다"고 했다. 조직 구성원 모두가 안전 분야에서 언행일치하고 솔선수범하는 것을 보면서 꿈을 꿀 수 있도록 오늘, 지금부터 안전 리더십을 실천하자.

4년 반의 안전여행에서
가르침을 주셨던 소중한 분들

많은 분들을 만나서 안전에 대한 가르침을 들었습니다만,

지면이 허락한 만큼만 기록했으니 널리 양해 바랍니다.

한성대학교 정병용 교수님, 우송대학교 이동경 교수님

알파안전 조필래 대표님, 바커케미칼 성태환 부장님

소방관 출신 소방 전문가 노철재 강사님

대한산업안전협회 장지웅 전북지회장님, 이명우 강원지회장님

한국안전기술협회 우종현 회장님

전 서울 지방노동청 산재예방지도과장 김재명님

참안전교육개발원 박지민 대표님, 하진만 팀장님

LG디스플레이 중국(옌타이) 강신강 과장님, 옥금 사원님

㈜두산 최상운 부장님, 두산인프라코어 김봉환 부장님, 조창열 차장님

Air products 이윤호 부장님, Rain Wu(China Manager)

BASF KOREA 이인녕 상무님

전 듀폰코리아 김동수 회장님, 안전전문 컨설턴트 김용환 대표님

전 ALCOA 및 현 OTIS 안전관리자 유동욱 팀장님

PSI 컨설팅 정재창 대표님

전 솔베이 HSE 상무 및 현 울산대학교 박현철 교수님

안전보건공단 변종한 교수님, 조해경 교수님, 김관우 교수님, 조영남 차장님

피델리티솔루션 이계훈 대표컨설턴트(CEO)

다산이앤이 고광모 대표님

파주기초초자 마에다 시게히코 전 대표님, 김명규 차장님

한국 3M 이준 부장님, 주묘경 책임님

도레이 다카하시 이사님, 김종윤 차장님, 천성모 과장님

한국보건안전단체총연합회장 및 가톨릭대학교 정혜선 교수님

(사)4차 산업혁명 연구원 최재용 원장님, ICT융합연구소 민문희 대표님

도산학교 대표 겸 글쓰기 코칭 전문가 이상민 대표님

한국산업안전원 최영민 대표님

기아자동차 김재형 팀장님

세이프티퍼스트닷뉴스 김희경 편집장님, 삼호왕관 유소현님

로이드인증원 채태희 위원님(CMIOSH), 육호태 팀장님, 박소현 과장님

PBCG 박두진 대표님

이디스크코리아 오국환 대표님, 석정훈 실장님

제주 이글루 대표 겸 월담시인 정재명님, 제주 SERI WORLD 장지명 대표님

SPACE CO-WORK 이종찬 대표님

여수마이스터고 조영만 교장선생님

참고문헌

너의 꿈을 대한민국에 가두지 마라 (김동수 지음 | 재인 | 2008년 03월)
긍정조직학 POS: 탁월한 성과를 창출하는 (킴 카메론, 제인 듀톤,로버트 퀸 공편 / 박래효, 조영 만 공역 | 포스북스 | 2009년 10월)
회사는 어떻게 강해지는가 (이나모리 가즈오 지음 | 김정환 옮김 | 서돌 | 2012년 05월)
습관의 힘: 반복되는 행동이 만드는 극적인 변화 (찰스 두히그 지음 | 강주헌 옮김 | 갤리온 | 2012 년 10월)
답을 내는 조직: 방법이 없는 것이 아니라 생각이 없는 것이다 (김성호 지음 | 쌤앤파커스 | 2012년 11월)
효과적인 안전 관리를 위한 안전관리자 인문학노트 (이명우 지음 | 지식공감 | 2013년 02월)
경영혁신, 안전에서 출발하라: 현장에서 본 안전 관리 (김연수 지음 | 좋은땅 | 2014년 02월)
선진 안전문화로 가는 길 (이오근 지음 | 책과나무 | 2014년 10월)
신뢰받는 조직의 안전경영: 불확실성의 시대에 고성과를 창조하는 (칼 와익, 캐서린 섯클리프 공저 | 포스코경영연구소 옮김 | 생각사랑 | 2014년 12월)
안전 경영학 카페: 최고의 일터를 만드는 안전 레시피 (이충호 지음 | 이담북스 | 2015년 11월)
단숨에 이해하는 군주론 (김경준 지음 | 생각정거장 | 2015년 11월)
안전경영, 1%의 실수는 100%의 실패다: 위대한 기업을 만드는 안전경영 365일 (이양수 지음 | 이다미디어 | 2015년 12월)
안전 한국 8 작업 현장의 안전 관리: 현장안전관리자를 위한 어드바이스 24 (히구치 이사오 지음 | 조병탁, 이면헌 공역 | 인재NO | 2016년 02월)
리더의 그릇: 3만 명의 기업가를 만나 얻은 비움의 힘 (나카지마 다카시 지음 | 하연수 옮김 | 다산3.0 | 2016년 02월)
현대인간공학 (정병용, 이동경 공저 | 민영사 | 2016년 03월)
도요타 혼: 세계 최강의 기술과 인재를 창조한 (시가나이 야스히로 지음 | 오태헌 옮김 | 한언 |

2016년 07월)
탁월한 고성과 일터를 창조하는 긍정 조직, 어떻게 만들 것인가?: 긍정 리더십의 실천 (킴 캐머런 지음 | 박래효, 오근호 공역 | 생각사랑 | 2016년 09월)
안전심리 (정진우 지음 | 청문각(교문사) | 2017년 02월)
인재 vs 인재: 급변하는 미래를 돌파하는 4가지 역량 (홍성국 지음 | 메디치미디어 | 2017년 07월)
도요타 생각: 누구나 쉽게 적용 가능한 스스로 생각하는 힘! (하라 마사히코 지음 | 오태헌 옮김 | 한언 | 2017년 10월)
4차 산업혁명 지금이 기회다! (양성길,최재용 총괄 | 박광록 등 지음 | 한국경제신문 | 2018년 01월)
위험으로부터의 자유: 효율적인 안전보건 관리 시스템과 총괄적인 안전문화를 통한 (김원동 지음 | 도서출판북트리 | 2018년 02월)

추 천 사

"ISO 45001(안전보건경영시스템) 국제표준이 발간된 지 3년이 되었고, 많은 조직이 국제표준을 운용하는 중이다. 이러한 때에 이 책은 4차 산업혁명 시대에 안전보건경영시스템이 추구하는 모범사례(Best Practice)를 벤치마킹 하는 데 도움을 주며, 안전보건을 위한 1톤의 생각보다는 1그램의 실천이 중요함을 알리는 역할을 충분히 할 것이다."

_ 이일형(로이드인증원 대표이사)

"우리 시대의 안전문화는 한두 사람의 노력만으로도 향상시킬 수 있다. 내가 주의하더라도 옆 사람의 불안전한 행동이 나의 건강과 생명에 영향을 미칠 수도 있다. 그러니 모든 사람이 안전보건에 관심을 보이면서 관련 매뉴얼 등을 함께 실천해나간다면 우리의 안전문화를 크게 향상시킬 수 있다. 이 책은 모든 사람이 다 함께 실천할 수 있도록 안전보건에 관한 내용을 A에서 Z까지 담고 있다. 여행하듯이 읽다 보면 우리의 안전문화를 저절로 향상시킬 수 있으니 정말 귀중한 서적이다."

_ 정혜선(한국보건안전단체총연합회장 및 가톨릭대학교 교수)

“안전은 최우선적 가치다. 모든 구성원이 노력하고 실천해야만 얻을 수 있는 종합적 산물이기도 하다. 먼저 경영진이 안전문화에 관심을 보이고 솔선수범의 리더십을 발휘해야 한다. 안전보건 관리자의 전문성과 경험도 중요하다. 또한 구성원 모두의 참여와 행동의 습관화를 통해 안전문화를 조직의 문화로 정착시켜야 한다. 그런 면에서 이 책은 국내외 안전 우수기업 전문가분들의 소중한 경험을 기억하기 쉽도록 녹여내고 설명한 실용적인 나침반이 될 수 있을 것이다.” _ 정병용(한성대학교 산업경영공학과 교수)

“안전에 대해서는 절대로 타협해서는 안 된다. 그런 면에서 안전한 작업장을 이루기 위해 힘쓰는 모든 안전 관리자에게 꼭 필요한 책이 나온 것은 축하할 만한 일이다. 일터에서 누구도 다치지 않으면서 안전하게 일하고 행복한 삶을 누리는데 이 책이 큰 역할을 할 것이라고 기대한다.”

_ 이인녕(BASF 상무)

“안전에 대한 책이 많이 나오기는 했지만, 수와 질을 고려하면 다른 분야에 비해 충분하다고 할 수 없다. 더구나 안전의 가치와 핵심 철학을 전하면서 이렇게 간결하면서도 메시지를 쉽게 전하는 책은 처음이 아닌가 싶다. 이 책의 저자는 LG 그룹의 인재 육성 기관에서 안전 기본, 직군 심화, 경영자 교육 과정을 런칭했으며, 안전문화를 정착시켜왔다. 이 책은 이러한 노력의 결과물이다. 앞으로 국내외 기업들의 안전문화 향상을 이끌 이 책이 많은 사람에게 읽힘으로써 큰 도움이 되기를 바란다.”

_ 김동하(공학박사 겸 산업안전지도사)

안전 한국 9

4차 산업혁명시대 안전여행

펴　　냄 2021년 1월 2일 1판 2쇄
지 은 이 이승배
펴 낸 이 김철종
펴 낸 곳 (주)한언
등록번호 제1-128호 / 등록일자 1983. 9. 30
주　　소 서울시 종로구 삼일대로 453(경운동) 2층
TEL. 02-701-6911 / FAX. 02-701-4449
홈페이지 www.haneon.com
e-mail haneon@haneon.com

책값은 뒤표지에 표시되어 있습니다.
잘못 만들어진 책은 구입하신 서점에서 바꾸어 드립니다.
ISBN 978-89-5596-861-3
ISBN 978-89-5596-706-7 (세트)

「이 도서의 국립중앙도서관 출판예정도서목록(CIP)은 서지정보유통지원시스템 홈페이지(http://seoji.nl.go.kr)와 국가자료공동목록시스템(http://www.nl.go.kr/kolisnet)에서 이용하실 수 있습니다.(CIP제어번호: CIP2018042925)」

'인재NO'는 인재人災 없는 세상을 만들려는 (주)한언의 임프린트입니다.